Dianxing Nongqu
Nongmingong
Wugong Huiliu Quwei Yanjiu
——Yi Henan Sheng Weili

典型农区农民工务工回流区位研究

——以河南省为例

高更和　等◎著

中国财经出版传媒集团

经济科学出版社

Economic Science Press

图书在版编目（CIP）数据

典型农区农民工务工回流区位研究：以河南省为例/
高更和等著．—北京：经济科学出版社，2021.8
ISBN 978 - 7 - 5218 - 2805 - 4

Ⅰ．①典…　Ⅱ．①高…　Ⅲ．①民工 - 研究 - 河南
Ⅳ．①D669.2

中国版本图书馆 CIP 数据核字（2021）第 170025 号

责任编辑：袁　溦
责任校对：李　建
责任印制：王世伟

典型农区农民工务工回流区位研究
——以河南省为例
高更和　等著

经济科学出版社出版、发行　新华书店经销
社址：北京市海淀区阜成路甲 28 号　邮编：100142
总编部电话：010 - 88191217　发行部电话：010 - 88191522
网址：www. esp. com. cn
电子邮箱：esp@ esp. com. cn
天猫网店：经济科学出版社旗舰店
网址：http://jjkxcbs. tmall. com
北京季蜂印刷有限公司印装
710×1000　16 开　16.75 印张　190000 字
2021 年 8 月第 1 版　2021 年 8 月第 1 次印刷
ISBN 978 - 7 - 5218 - 2805 - 4　定价：66.00 元
（图书出现印装问题，本社负责调换。电话：010 - 88191510）
（版权所有　侵权必究　打击盗版　举报热线：010 - 88191661
QQ：2242791300　营销中心电话：010 - 88191537
电子邮箱：dbts@ esp. com. cn）

资助项目:

国家自然科学基金项目 (41771190)

国家自然科学基金项目 (41271192)

河南省高等学校哲学社会科学研究优秀学者资助项目 (2018 – YXXZ – 02)

河南省高等学校哲学社会科学创新团队支持计划 (2014 – CXTD – 07)

前　言

　　改革开放后，人口流动和迁移成为最为壮观的社会经济现象。长期以来，人口流动的基本趋势是从乡村到城市的乡城流动，然而到了2009年，人口回流开始成为人口流动的重要趋势。2008年爆发的亚洲金融危机虽然在人口回流方面起到了触发作用，但人口回流的真正原因是我国区域经济发展不平衡状态的改变。近些年来，随着中国中西部县域经济的发展，越来越多的农民工回流至本省或本地务工或创业，长期形成的人口乡城流动格局正在发生重要变化。据监测统计，2018年全国外出农民工中，省外就业人数比上年减少1.1%，省内就业比上年增加1.7%，省内所占比重较上年提高0.7%，而省外下降0.7%；与此同时，在外出农民工中，进城农民工1.35亿人，比上年减少204万人，下降1.5%（国家统计局，2019）。作为中国的农民工大省，河南省从2011年开始，省内农村劳动力转移就业人数已连续8年高于向省外输出农村劳动力人数，农村劳动力逐步向省内回流。

　　农民工回流后，绝大多数仍采取工资性收入策略，只有少数进行创业活动，也有个别退出劳动力市场，与此同时，回流后的居住和购房也是其必然面对的现实问题。农民工回流后产生的现象和过程均对农村地区的发展产生重要影响。因此，在新农村建设、乡村振兴背景下开展对农民工回流及区位的研究具有重要的现实意义和理论意义。在实践层面上，规模庞大的农民工回流正在改写农民工流动的空间格局和流动历史，如何合理引导和科学调控这种流动、如何认识这种回流过程的空间规律性使其与我国县域经济发展和本地城镇化有机融合，是摆在决策者面前的重要课题，通过该项目的研究，有望为相关政策的制定提供参考。在理论层面上，开展回流区位的研究对于认识临时性迁移人口的空间变化规律具有重要意义，同时也顺应了国际地理学界对行为地理研究的潮流。农民工流动和回流作为中国特殊的人口流动现象，对其研究可以弥补和丰富国际地理学界对于人口流动规律的研究成果。

本书基于多次乡村田野调查获取的第一手数据，采用二元及多元 Logistic 方法、统计分析方法、地理信息系统（GIS）空间分析方法和质性研究方法，以河南省不同规模的样本村为例，对农民工回流区位进行了深入的研究。

人口回流作为人口流动的重要过程，在国内外均得到相关学者的重视。国外的研究历史较早，因为人口回迁是和人口迁移相伴的，但和国内不同的是，这种回迁是跨国界的，而非国内各地区之间的迁移，其频率也是较低的。当前，国外相关的研究主要集中于回流动因的理论阐释、回流影响因素、回流评价和区域影响等方面。推拉理论、新古典经济学、新劳动力迁移经济学、结构主义、跨界社会网络等理论分别从不同的角度对回流动因进行了解释和讨论。个人因素、家庭因素、社会因素、经济因素、文化因素等均对回流决策和意愿产生重要影响。跨国回流可能是回流者的正向选择，也可能是负向选择，回国之后产生的区域影响也存在明显差

异。国内的研究主要关注到了回流动因与机制、回流地及回流意愿
地空间特征、回流的区域影响等方面。回流的产生是宏观因素、中
观因素和微观因素综合作用的结果，人口回流与国家宏观经济政策
和形势密切相关，但回流决策的制定和实施则是个人行为，与个体
人力资本、个体特质、家庭状况有关，此外，村庄和务工地等中观
因素对农民工回流也具有一定的影响。在回流地空间特征方面，对
实际的回流地空间分布研究较少，但关于回流意愿地点的研究相对
较多。在回流的区域影响方面，回流对务工城市和农村区域均产生
了重要影响，这些影响可能是正面的，也可能是负面的，尤其是对
于务工源地而言，影响的方向性并没有形成共识。不过，从我国农
民工流动趋势来看，回流正在成为今后发展的重要方向，农民离土
不离乡的夙愿正在逐步变为现实。

　　农民工回流后务工区位选择主要以县城为主，其次为村庄，中
心城区和集镇较少。县城作为回流务工的首选与距离较近、收入较
高、工作机会较多及居住区位等有关，县城在回流务工区位中扮演
着重要角色，应将县城作为农区发展和农区城镇化的重点对待。省
外回流和省内回流是农民工回流的基本形式，但二者在回流务工区
位的选择上存在一定差异，相对而言，省外回流较多选择中心城区
作为务工地，省内回流则较多选择集镇作为务工区位。回流务工区
位以本属区位为主，但也存在少量非本属区位。非本属区位中，非
本属—附近为主要选项，其次为非本属—省会，而非本属—外地占
比最少。距离在回流务工区位选择中具有重要作用。影响回流农民
工务工区位选择的显著因子主要包括社区因素中的村人均收入和村
回流比及距城市距离、个人因素中的年龄、家庭因素中的家庭人口

和家庭代数及居住区位、务工因素中的前务工地类型等因子。农民工回流后，虽然整体上解决了距离问题，但仍在更小的空间尺度上继续存在务工和务家的平衡问题。社区的社会经济环境影响着回流者的务工区位决策，城市地理距离即使在回流后仍对回流者的务工地选择产生着影响。在一定程度上，随着务工者年龄的增长，村庄将成为其最终的归宿。务家中的照顾子女比照顾长辈重要，以子女为中心的家庭社会行为比较普遍。在回流务工区位选择上，存在路径依赖现象。

本村、本乡镇和本县城成为省际流动农民工回流区位的主要选择地，本乡镇和本县城也成为农民工回流创业首选的区位，而本市、外市回流农民工较少。整体上，农民工回流以负向选择为主，正向选择和创业选择所占比例较小。回流区位选择的主要机制是务家和经济收益的平衡，应大力发展乡镇和县城经济，使其成为农民"离土不离乡"的主要载体，从根本上解决剩余劳动力转移问题。影响省际流动农民工回流区位选择的主要因素为农民工年龄、家庭中小学生数量、家庭农民工数量、人均耕地面积等。其中，年龄、家庭中小学生数量、人均耕地面积与回流区位呈显著正相关关系，家庭农民工数量与回流区位呈显著的负相关关系。农民工流动与回流实际上均为农民工在空间中的位置选择与变动，其取决于不同区位的粘性大小，如果本地的粘性增大，农民工就会选择在本地就业和生活，即回流至本地。

农民工对务工地的选择是一个趋于优化的动态过程，验证了农民工多阶流动假说。随着务工者工龄的增长和流动次数的增多，务工地逐渐趋于稳定，务工距离变化者的比例在逐步下降，而不变者在上升。与此同时，临时和短期务工者的比例有下降趋势，而长期务工者的比例略有上升。城区和县城是农民工务工的首选地，但从演变趋势上看，农村中的镇呈上扬态势，村落附近的城镇地区越来越成为务工地的重要选项。在农民工高流动性的直接成因中，外在的被迫动因弱化，而个人主观动因强化，表明劳动力市场逐渐趋于规范，务工状态发生了优化。与已有成果比较，研究中并未发现在较长的时间周期内人口迁移具有距离增加的特征。研究还发现，随流动决策的优化，各主要因子在各次模型中的显著性程度发生相应的变化。务工因素中的务工年限和地域类型、个人因素中的年龄、家庭因素中的家庭人口规模和家庭耕地面积、村庄因素中的村地形、村务工人数比重和村区位等因子在不同的模型中具有较为显著的影响，在逐次流动模型中显著性程度和方向的变化反映了农民工务工流动决策的调整和优化，经过多次的流动和经验总结，农民工变的更为理智，务工地变的更符合自己的预期。

省外回流和省内回流具有不同的回流区位特征。回流以省外回流为主，县城是回流者的首选地。跨省流动的农民工回流前多选择中心城区务工，北京、东莞、杭州、广州、深圳、苏州、武汉、上海是回流前主要务工城市。省内回流的方向主要从中心城区回流至县城，县城是省内回流者的第一区位，回流区位向县城和村庄扩散，出现分层特征。村庄作为省外回流者的第二偏好区位，主要是村庄有赖以生存的土地资源。土地关系到每个农民的切身利益，是农民最重要的生产资料，回流后依靠土地可从事种植等基础性的农业生产。在村庄附近务工不仅能缩短务工距离，同时能兼顾家庭和经济收入，是回流者较为满意的选择。但是，由于村庄并不能提供理想中的高工资，导致回流村庄的人数不如县城多。省内回流者具有小城镇偏好，省外回流者回流区位具有路径依赖性。省内回流农民工与跨省流动的农民工相比更具有小城镇偏好。省外回流至中心城区比例比省内回流多，主要是基于路径依赖的选择。对农民工回流区位影响因素的研究表明，个人因素、家庭因素、村庄因素和务工因素对回流区位的选择具有显著影响。个人因素中的女性群体对回流至乡镇有着特别的偏好。家庭因素中代际数量关系着家庭抚养比，抚养比越大，家庭负担越重，越倾向于县城和中心城区务工。村庄因素中的村地形和居住区位都在不同的模型中达到显著性水平，地处丘陵和山区的农民工更愿意前往县城务工，在村庄有居住优势的农民工更愿意回流至村庄。务工因素中村距务工地距离、回流前务工地类型、回流前务工年限、回流前务工地个数均是影响回流后农民工务工地域选择的重要因素。

作者
2021 年 7 月

目　　录

第 1 章

引　言

1.1　研究背景与意义

　　农民工的空间流动是当今我国最壮观的人口现象，对经济社会的发展产生着越来越重要的影响。自 20 世纪 80 年代改革开放以来，随着工业化的快速推进和城镇化的高速发展，中国农村剩余劳动力出现了规模巨大的跨区域流动。据调查统计，2015 年全国农民工总量达 2.77 亿人，占全国总人口的 20.19%，占农村人口的 45.47%，其中，外出农民工 1.69 亿人，本地农民工 1.08 亿人（国家统计局，2016a），形成了规模巨大的农村人口流动。农民工流动是人口属地管理政策松动、经济发展对劳动力需求大量增加的结果，但在微观层面上，是农民工收入最大化的驱动。影响农民工外出务工决策并使之产生空间流动的主要原因是提高经济收入（Todaro，1969；赵春雨等，2011）和谋取家庭福利最大化（Stark，1991；蔡昉、都阳，2003）。农民工的区域流动不仅增加了农民的收入，提高了其生活水平，同时对地区社会经济发展产生了重要影响。一方面，大规模的人口流动影响着劳动力输入地的人口结构，推动流入地的第二和第三产业发展；另一方面，农村剩余劳动力的转移，缓解了农村当地较大的人口土地压力，提高了农民收入，改善了农村地区的物质景观。

近些年来，随着内地经济和县域经济的发展，农民工流动出现了大规模回流趋势。从空间上看，农民工外流和回流均为农民工在空间位置上的变动，当本地具有就业岗位且能取得合理的工资性收入后，或者外流时不能取得工作岗位后，农民工就会选择回流至家乡或本地就业。最近 10 年来，大规模的农民工回流有两次，第一次为 2008 年金融危机爆发后形成的大规模回流，第二次为当前的由于本地经济发展导致的农民工回流。2008 年受全球金融危机的影响，沿海地区经济增速放缓，尤其是出口加工型企业订单减少，造成失业人口骤增，城市就业压力也相应激增，大量外出农民工被迫回流返乡。据统计，截至 2008 年 12 月 20 日，全国农民工中有 9% 左右提前返乡，其总数达 1361.8 万人（国家人口计生委流动人口服务管理司，2009）。2009 年农历春节前，返乡的 1800 万人不能回到原工作岗位，需要重新解决就业问题（王亚栋，2009）。最近几年，随着中西部地区的经济发展，就业岗位增加，农民工开始在家门口就业。全国农民工监测数据显示，2015 年本地农民工较 2014 年增长 289 万人，增长 2.7%。外出农民工比上年增加 63 万人，增长 0.4%，本地农民工增长幅度在 2011 年以后年均高于外地农民工（国家统计局，2012，2013，2014，2015，2016a）。2015 年，本地农民工增加了 0.6%，占全国农民工的 39.2%，同比上年，外地农民工却减少了 0.6%。从输出地看，中部地区、东部地区和西部地区农民工占比分别为 34.6%、38.8% 和 26.6%，相比东部和西部地区，中部地区的农民工分别高出了 0.8% 和 0.4%（国家统计局，2016a）。

　　大规模的农民工回流，对农民工原就业地和回流地产生了双重效应。对于原就业地，由于农民工的流失，使企业招工出现困难，导致民工荒现象出现，劳动力成本提升，人口红利开始消失。对于回流地，农村剩余劳动力的大量回流，可能产生较大的就业压力，且盲目回流对回流地的经济、城镇化、农业现代化发展均会产生一定的消极影响。但是，一部分在外务工过程中掌握先进技术的农民工回乡创业，对乡镇企业发展和现代技术的推进产生了一定的积极影响。尤其是，在快速城镇化的过程中，农民工成为农区城镇化的骨干群体，农民工在务工地的市民化和回流后在本地的城镇化，成为影响中国城镇化进程的关键因素。由于体制因素的影响形成的"民工潮"和"民工荒"并存格局，是我国社会经济发展过程中所存在的特殊现象，而其直接诱因则是农民工回流的结果，因此，开展对农民工回流的研究，对于破解此难题，具有重要的现实意义。

　　河南省为我国农业大省和劳动力输出大省，农民工回流具有代表性。据统计，截至 2015 年底，河南省总人口为 9480 万人，占全国的 6.90%，长久以来均是我国人口最多的省级单元，但近几年由于人口流失，其重要地位有所下降，但仍处于全国前三。其中，城镇人口 4441 万人，农村人口 5039 万人，城镇化水平为 46.85%，城镇化率低于全国 56.10%（国家统计局，2016b）的平均水平。2015 年，我国粮食总产量的 9.76% 来自河南省，产量为 6067.1 万吨，是中国的农业大省。改革开放后的许多年份，由于众多的农业人口和相对落后的经济发展水平，河南成为全国最大的人口输出地区，常年输出劳动力1000余万人，占全国的10%左右。例如，2010年，河南省农民工总量为2363万人，占全国的9.76%，其中，省外输出1215万人，占全国的9.91%（薛彦，2012）。但是，最近几年，由于产业转移和中部崛起等政策的驱动，河南省经济总量明显增大，已成为我国最重要的经济体之一。2015年国内生产总值37002.16亿元，位居全国第五位、中西部首位，人均生产总值为39123元（国家统计局，2016b）。经济总量的增加，导致工作岗位的增加，从而使一部分原本外出的农民工选择在本省务工。据统计，2010~2011年，河南省省内就业的农民工人数增加了126万人，他们之中有约24万人是从河南省以外的地区回流的，2011年，河南省农民工省内就业人数第一次超过省外的农民工就业人数，超出额度为78万人（谭勇，2012）。最近几年，河南省农民工务工本地化趋势更加明显。据对河南省务工人员抽样调查，2014年省外务工农民工人数占比为39%，而在2012年为47.4%，外地农民工占比下降幅度2013年为3.8%，2014年上升到4.6%，2015年增至5.2%。与此对应，本地农民工的比例呈上升趋势，2012年为24.2%，2013年为30.3%，2014年达38.1%（河南省统计局，2014）。据统计，2016年河南省包括回流创业的农民工创业人数达到76.21万人，其带动了339.53万人就业。同年，河南省农民工总量达2876万人，其中，在新增的农民工中，有90%的人都在省内就业（孙清清，2017）。

河南省地处中原腹地，交通便利，农民工务工地分散多样，在空间上具有典型性。作为重要交通枢纽的河南省，居我国中部，地理位置十分优越，交通四通八达，公路、铁路、航空等多种交通方式相结合的综合性交通运输系统已经形成，良好的区位状况及便捷的交通条件，为劳动力空间流动的多样性提供了较好的物质基础。因此，河南省农民工的空间分布既有省内地区，也有周边省份和空间距离相对较远的沿海地区，但集中分布在北京、上海、广东、江苏、浙江等经济发展状况相对较好的省市及长三角、珠三角、京津冀等经济发达地区。相应地，农民工回流也具有多源性，这为进行农民工回流的深入研究提供了较好的样本。

我国农民工回流规模正处于上升阶段，未来演变趋势将愈加明显，开展回流区位的研究对于认识临时性迁移人口的空间变化规律具有重要的理论意义，在实践上对于科学调控农民工的流动具有重要的现实意义。人口地理学是人文地理学的重要分支学科，将人口的空间特征作为主要研究对象，在研究内容上，不仅研究静态的人口分布和形成原因，同时研究动态上的人口迁移和流动。农民工回流作为中国重要的人口现象，从目前来看仅仅是刚刚起步，预计未来若干年内将保持扩大的趋势。回流源分布在哪里？回流将主要指向哪些区位？回流决策如何形成？回流受到哪些因素的影响？回流如何影响中国的城市化进程？这些问题都需要进行深入研究。同时，对中国农民工回流区位的研究，也顺应了国际地理学界对行为地理研究的潮流。近些年来，西方人本主义主导的人文地理学研究受到重视（柴彦威，2010；方创琳等，2011），行为地理学中的行为区位研究得到加强，个人的经济行为和居民日常行为的空间分布受到关注。与此同时，在实践层面上，规模庞大的农民工回流正在改写农民工流动的空间格局和流动历史，如何合理引导和科学调控这种流动及如何认识这种回流过程的空间规律性使其与我国县域经济发展和本地城镇化有机融合，是摆在决策者面前的重要课题，通过该项目的研究，有望为相关政策的制定提供参考。

1.2 研究内容与研究目标

1.2.1 研究内容

1.2.1.1 回流的区位指向和空间图谱研究

农民工回流是相对于外流（流动）而言的，以家乡为中心，务工地理距离增大的为外流，减小的为回流。为研究方便，不少文献以行政空间作为分类进行研究，一些研究认为回流至本村、本乡镇、本县为回流，回流时间按照国家统计局的标准一般为 6 个月及以上。本书所称回流是指省际流动者回流到本省内（在省外各地流动的不在此范畴内），或省内流动者空间距离变小的流动。

回流的区位指向是指回流者的居住地和工作地的空间趋向。回流区位从空间上可分为本村、本乡镇（除本村外）、本县（除本乡镇外）、本市（除本县外）、本省（除本市外）等。本部分主要分析不同区域回流者的空间指向，即从原工作地到现工作地流动构成的交叉矩阵，例如，省际流动农民工回流到本省、本市、本县、本乡镇、本村等，市际流动农民工回流至本市、本县、本乡镇、本村等，同时分析各种流向的比例及其关系。从地理距离角度分析，可将务工距离划分为不同区间进行分析，例如以 100 千米为区间值，将回流分为不同圈层，分析回流农民工的距离变动规律。从聚落形态角度分析，可将回流者分为城→乡、乡→城、城→城、乡→乡等类型，分析各类回流形态的比例及相互关系。总之，本部分主要是搞清楚详细的回流空间关系，充分认识回流的状态和态势。

1.2.1.2 回流区位的人群分层研究

本部分主要研究不同回流区位所集聚的人群差异。作为个体而言，对回流区位的选择必定是个人决策的结果，在此过程中，个体差异和家庭差异是决策的基本出发点或者说是决策的基底因素，以此为基础的决策结果，必然导致不同的回流区位具有不同的人群集聚特征。这些特征表现在诸多方面，如决策主体的年龄、性别、文化素养，所在家庭的经济能力、人口规模、负担系数，所在村庄距离回流区位的距离和交通通达度等。通过本部分的研究，主要明确某类回流区位对哪些群体构成了黏性。

1.2.1.3 回流区位选择机理研究

本部分主要分析回流区位选择的影响因素和具体机制。在作出回流决策后，回流区位选择问题成为需要首要考虑的问题，抑或是回流区位选择与回流决策呈交叉态势同时做出，但回流区位选择是必选项，这些影响因素至少包括下述所列。工作岗位因素和工资多少为区位选择的关键因素，职业连贯性、工作岗位和个体技能的耦合性是重要因素，离家距离和能否买房定居是核心因素，企业属性和工作环境状况是一般影响因素。通过问卷调查可获取这些影响回流决策的因素，而后可进行汇总和统计及理论分析。具体的回流区位选择机制至少应包括五个过程：信息处理、比较收益、务家管理、职业惯性、社会网络。信息处理是指就业信息获取、甄别、比较和确认；比较收益是分析比较回流前后的收益，确定是否可能回流；务家管理是考虑回流后对家庭成员的抚养贡献及其必要性，如果没有必要，回流就不大可能发生；职业惯性是能否继续从事和先前有联系或相同相近的职业工种；社会网络是回流后能否弥补外出流动的社会关系中断。本书重点关注回流区位选择微观机制的具体表现、过程和相互关系，为解释回流提供微观理论基础。

1.2.1.4 期望回流区位研究

回流农民工的期望回流区位，反映了回流者决策中的区位选择偏好，对其研究有助于在微观层面了解回流的区位倾向和规律。期望回流区位，即从回流农民工角度看，何种区位是最为理想的区位。这种理想定位，是回流者依据自身状况和社会经济环境状况做出的选择，是制定贴合回流者实际的政策和方案的基础，同时也应成为政策引导的方向。回流者心中的理想区位，对于不同的访客来说，可能是不同的，但整体上应该具有一定的共性。期望回流区位可能有多个选项：本村、本乡镇中心地、附近乡镇中心地、本县城、附近的县城、本地级市、附近的地级市、省城等，可通过问卷调查获取相关信息。期望回流区位选择的原因也应属于本部分的研究范畴，问卷调查时可通过设立选项或主观回答获取相关信息。期望回流区位可能是回流者舍弃掉某些因素后的主观判断，具有一定的抽象性，但是反映了回流者的愿望，本部分主要是分析这种良好的期望和成因。

1.2.2　研究目标

第一，探索分析农民工回流区位指向特征和区位空间格局，阐明回流源至回流汇的空间图谱，揭示各级各类回流区位集聚回流者的规模、结构和人群差异。

第二，明确回流区位的黏性构成要素，构建回流区位黏性的研究框架，建立区位黏性的计算模型并评估该模型的解释力，尝试建立区域回流区位黏性场分析模型。

第三，阐明农民工回流区位选择的微观机理，搞清各影响因子的作用强度和贡献大小，明晰农民工回流决策的制定过程和行为实施方案，从微观上了解空间回流及区位选择的规律性，丰富非永久性及永久性人口迁移理论和行为区位论。

1.3　拟采取的研究方案及可行性分析

1.3.1　研究方法

本书以区位论、人口迁移理论、区域经济发展理论、城市化理论作为研究的基础理论。采用的主要研究方法包括：第一，问卷调查法。首先，科学地设计调查问卷，其次，随机抽样选取约 40 个样本村的 2000 个样本回流者进行问卷调查，以获得第一手数据。第二，随机抽样法。首先，拟将河南省的1889个乡镇进行编码，并进行随机抽样，选出本研究所需的20个样本乡镇。或通过确定样带，从中抽取20个样本乡镇进行调研。其次，根据代表性和典型性原则，在这些样本乡镇中，选择一个行政村作为调查样本村。最后，在该行政村中随机选择50位农民工作为本次调研的样本回流者。第三，深度访谈法。对研究区域的部分村干部和具有代表性的务工回流者进行较长时间的访谈，从而深入了解回流者所想所为，以便进行农民工回流区位选择特点和规律的探索。第四，质性研究方法。这种方法是通过研究者与研究对象之间的互动，从而解释性理解研究对象的回流行为和回流意义。质性研究方法比较适合微观层面的研究，通过这个方法获得的各种数据信息可信度更高，且具有较强的解释力。同时，该方法是对个体进行细致的观察和描述，从中获取回流相关信息。第五，统计分析方法和模型。例如：概率模型（probit model）、多元逻辑回归模型（multiple logistic regression analysis）和二元逻辑回归模型（binary logistic regression analysis）等。对影响务工者回流区位的因子，如回流目的地因子、个人因子、社区因子、家庭因子等进行概率估计，判断显著性因子，从而探索显著因子的作用及各个因素之间的内部联系。第六，空间分析方法。利用ArcGIS等工具将不同回流汇与回流源按照务工回流者数量之间的关系进行空间制图，并利用热点分析、路径分析、轨迹分析等空间分析工具探索务工回流者空间流动的规律性；将不同回流区位的回流者数量制作成专题图，分析回流者在空间上的分布特点及其在空间上的集聚性。第七，归纳—演绎结合分析法。利用归纳法、演绎法以及将二者结合起来，进行理论归纳，或者推理假设，从而对回流理论进行总结。

1.3.2 技术路线

本研究的技术路线如图 1 - 1 所示。

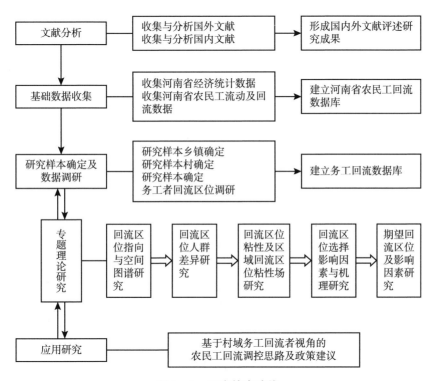

图 1 - 1 研究技术路线

1.3.2.1 文献收集与分析

通过收集相关文献并对此进行分析，得到与本研究有关的国际前沿动态和视角，从而进行相关观点的比较以及获得不同环境模式下的实例参照。

1.3.2.2 数据收集和处理

数据是本研究的基础，同时也是本研究的关键所在。调查样本将在河南省一些乡镇中选出。为了使此次调查的地点更具有代表性，研究者采用随机抽样的方法或样带抽样方法来选择欲调查乡镇。一旦确定了被调查乡镇，将在该乡镇中选择具有代表性的村进行调研，村中调研可采用随机抽样的方法或随机区域（例如代表性的组或街道）的方法进行。通过对样本村和样本务工回流者进行问卷调查和实地调查，建立农民工务工回流数据库。

进行问卷调查前首先要科学设计调查问卷，问卷设计的核心是回流区位问题，主要内容应该包含：务工者回流区位现状（务工回流地点，回流的持续时间，回流的区位变化等），务工者回流区位是如何形成的（回流至该区位的原因）。为达到此目的，研究者将问卷设计为三个部分：

第一部分，务工个人及其家庭情况。其中，回流者概况主要包括务工回流者的姓名、性别、年龄、婚姻状况、上学年限、培训情况、收入情况、有无特长和有什么特长、务工年限等。回流者家庭概况主要包括家庭成员构成、劳动力数量、被抚养人口数量、老人数量、收入情况、学生数量以及拥有的耕地情况等。

第二部分，回流务工的基本概况。主要包括回流务工的详细地点、回流务工的工种、回流目的、回流务工的时间以及回流务工收入等。

第三部分，回流的区位空间。这部分的主要内容包括：务工者回流区位的选择因素与动机、回流区位的距离、回流者预期的务工区位及选择原因、回流者的务工地类型判断、存在多个回流区位时回流区位移动以及移动的原因、回流者对当前务工区位及务工生活的满意程度及其原因。

1.3.2.3　专题理论研究

基于调查数据，开展以下专题理论研究：第一，农民工务工回流区位指向特点及空间图谱研究，内容包括回流前最近一次的务工地点、回流距离、回流地行政空间类型、回流城镇类型及影响因素研究。第二，回流区位的人群差异研究，主要包括各类回流地所集聚的回流者的人口自然特征和社会经济特征，如性别、年龄、婚姻状态、技能、务工工龄、工种、收入等。第三，回流区位黏性研究。包括区位黏性的构成要素、计算模型、空间分异、区域回流区位黏性场分析、黏性解释力分析等。第四，回流区位选择影响因素与机理分析。影响因素包括个人因素、家庭因素、社区因素、务工因素、回流地因素等；机理分析包括回流信息处理、比较收益、务家管理、职业惯性、社会网络等。第五，期望务工地区位研究，主要包括期望回流地点、原因。

1.3.2.4　应用研究

在专题理论研究的基础上，通过对农民工回流区位理论研究成果的总结，提出优化和调整农民工回流务工的相应对策建议。

1.3.3　实验手段

（1）基于实地调查面板数据，运用空间分析、轨迹分析和路径分析手段，分析农民工回流区位的空间分布规律和黏性场效应。

（2）基于实地调查面板数据，运用二元或多元 Logistic 及多元回归方法，分析农民工回流区位选择的影响因素。

1.3.4　关键技术

（1）用于选择样本乡镇、样本村和样本务工者的随机抽样技术和样带抽样技术。

（2）数学模型（二元和多元 Logistic 回归技术）的系统表达和预测技术。

（3）场分析、轨迹分析、路径分析等空间分析技术。

1.4　特色与创新之处

本书首次尝试从村域务工源地和回流务工者角度，定量研究农民工回流区位特点及其显著性影响因子及影响过程，揭示在当今内陆经济发展过程中农民工回流区位选择的空间价值取向和回流区位的空间图谱，具有较强的原始创新性。

本书首次从回流务工者个人行为角度，研究回流区位形成的决策机制和决策过程，揭示农民工空间回流的微观机制，并探索基于个人偏好的期望回流区位的分布规律，丰富行为区位理论和非永久性移民迁移理论。

第 2 章

理论基础与研究进展

对于农民工回流行为的定义，不同的学者有着不同的见解，关于农民工回流的概念，并没有一个公认的、标准的、完整统一的共识。一些学者认为农民工回流只是一个短暂的过程，迁移的过程并没有结束（齐小兵，2013）。还有一些学者认为回流的农民工可以在回流与外出之间随时来回切换（白南生等，2002）。随着研究的深入，有学者明确提出将一年内没有出去务工的群体定义为"回流者"（金沙，2009），例如江小容就对务工前时间和务工回流时间进行严格界定来划分回流者，他认为至少在务工地有着三个月的务工经历并且重新返回家乡后至少一年内没有返回城市就业（江小容，2007）。然而，还有一些学者对回流者务工生涯和回流后返乡定居时间的时间跨度有着不同的看法。例如，高更和根据国家统计局每年发布的《农民工监测调查报告》中农民工群体的概念，将农民工回流的时间以 6 个月为界限，并且返回家乡后在其主观意愿上不再打算外出务工的称作农民工回流（高更和等，2017）。国外关于农民工流动的研究多是永久性的迁移，关于农民工回流的研究较少。如有些学者研究国际迁徙对不发达国家的影响及返回后可能从事的职业类型，海外储蓄和在海外逗留的时间增加了有文化的返回者成为企业家的概率（Mccormick and Wahba，2001），海外储蓄成为归国后选择自营职业的一个重要因素（Ilahi，1999）。还有学者利用马尔可夫链在东道国和母国之间建立重复流动的模型框架，如果他们在母国有社会和家庭纽带，就更有可能再次提前离开，但如果他们在东道国有稳定的工作和流利的语言，就不太可能提前离开（Constant and Zimmermann，2012）。由于我国复杂的社会管理制度，如城乡二元结构和户籍制度的存在，中国的农民工在外出和回流的行为决策上，有着其自身的特色，是一个既有流出又有回流的长期过程。本章在前人研究的基础上，将回流农民工定义为回流时间超过6个月，回流地在家乡及其附近，回流后意愿上不再外出的农民工。

2.1 理 论 基 础

2.1.1 区 位 理 论

区位理论是关于人类经济活动空间区位的研究，同时也是经济地理学以及区域经济学的核心基础理论。区位理论是从传统区位理论开始发展的，其发展过程和人类经济活动具有十分密切的关系。传统区位论如杜能的农业区位理论，利用"孤立化的方法"只探讨市场距离的作用，排除如土质条件、肥力、河流等其他要素的干扰，得出农业生产方式的配置与距城市远近的关系。一般在距市中心较近的地方，种植体积大、不易运输或者极易腐烂的农作物，随着距离的增加，种植相对于农产品的价格而言运费小的作物。以城市为中心，由里向外依次为自由式农业、林业、轮作式农业、谷草式农业、三圃式农业、畜牧业等同心圆结构。其局限性是在假设前提下，未考虑到经营者的异质性及交通优势。随着经济的进一步发展，韦伯提出工业区位论。韦伯认为，劳动力、运费及周围的社会经济环境的相互作用是影响工业布局的重要因素，其中运输成本和劳动力成本起着关键作用。该理论的局限性是忽略了技术进步、人的主观意志、政策因素等的影响。随着杜能农业区位论和韦伯工业区位论等新古典区位理论的局限性的暴露和不能很好地解释当前的经济现象，企业地理学兴起，区位论发展到 20 世纪 60 年代以行为经济学为主的发展阶段。随后结构主义和以生产方式为主的研究，区位论进一步得到丰富和完善。在农业区位论和工业区位论的基础上，以城市为研究对象的中心地理论兴起，开始探讨城市的等级大小及分布规模。中心地理论认为根据其提供的商品及服务范围的大小来划分城市等级，等级越高，数量越少，但提供的商品和服务就越多。但随着传统的区位理论和中心地理论过于绝对公式化的特征和脱离现实世界问题的出现，人文地理学转向人本主义，行为主义地理学兴起。行为主义地理学强调人的主观能动性，从人的角度去解释现实中某些事情不一定是按照公式和数量关系的机械化操作，有可能是非理性选择的最满意的结果，是对心理学和社会学在地理学上的运用，行为空间、认知空间以及居民的各种行为的空间特征、空间行为决策等是其主要的研究内容。

2.1.2 二元结构理论

二元结构理论是1954年英国经济学家阿瑟·刘易斯在《劳动力无限供给下的经济发展》一书中提出的,包括二元经济结构理论和二元社会结构理论。二元经济结构理论中"二元"是指的是城市经济社会和农村经济社会。刘易斯提出了在发展中国家中存在着以传统农业为主的部门和以现代制造业为主的经济部门,两部门之间进行劳动力转移的二元经济模型建构。其中,传统农业部门土地资源有限,工具简陋,生产效率低下,难以增加量的积累,农业边际效益几乎为零,农民收入水平很低,存在着大量的剩余劳动力。而现代化工业部门生产规模和效率都可以较快提高,边际效益明显,工人具有较高的工资水平。由于城乡之间存在着较大的工资差异,当城市提供的工资高于农村收入时,会吸引大量的剩余劳动力向城市部门进行转移,大量的廉价劳动力为工业部门扩大再生产提供充足的条件,形成良性循环。由此,二元经济结构逐渐趋于一元,最终实现城乡一体化发展。中国的二元社会结构是在多种社会制度下形成的,相关的制度主要包括户籍制度、就业制度、医疗制度、养老保险制度、劳动保护制度等。改革开放以来,我国实行户籍管控,形成城、乡相对隔离的状态,一定程度上阻碍了乡村人口往城市流动,影响了城市化进程。

2.1.3 推—拉理论

20世纪60年代,美国学者李(Lee)提出了关于人口迁移的理论，即"推拉理论"。基于对美好生活的追求，将影响人口迁移的因素归纳为两方面，促使发生迁移行为的消极因素，即"推力"因素，和怀着美好愿望迁入的积极因素，即"拉力"因素。根据"推拉理论"，国内的相关学者刘庆乐（2015）、赖光宝等（2015）、乐昕（2013）等对城市工业部门及农村农业部门之间的劳动力流动进行力量对比，形成对劳动流动的积极和消极双重影响的观点。国外对此方面的研究，代表人物有唐纳德博格、朗格辛、罗理和穆勒等。"推—拉"理论认为，农村人口由农村向城市的流动是流出地的"推力"和流入地"拉力"共同作用下的结果。其中，农村地区产生"推力"的因素包括农产品价格低、土地资源有限、生产效率低下、就业机会少、收入水平不高等。城市产生"拉力"的因素包括较多的就业机会、较高的工资、较好的生活和发展条件、较好的受教育机会、较完善的文化设施和交通条件、较好的气候环境等。从农民工回流来看，基于成本—收入效益进行价值选择，在回流的过程中是"农村拉力"和"城市推力"综合作用的结果。"推—拉"理论模型指出无论是在流入地还是流出地都存在着推力和拉力因素，但受到区域周围环境系统的影响，其所起作用大小不一样。后来"推—拉"理论不断进行完善和发展，有学者又提出"中间障碍因素"，包括迁移距离，物质障碍、文化水平、个人主观判断等，迁移行为的发生主要是"推力""拉力""中间障碍"这三个因素相互作用的结果。

2.1.4　预期收入理论

20 世纪 60 年代，大多数发展中国家的城市失业现象越来越严

重，同时农村劳动力并没有停止向城市转移，传统的人口迁移理论
已经无法解释该现象，托达罗提出预期收入理论。托达罗认为农业
劳动者迁入城市的动机是城乡预期收入差异而不是实际的工资收
益，差异越大，迁移的人口越多。预期收入是实际收入和就业概率
的乘积，包括城乡收入差距预期和城市工业部门的就业概率预期。
托达罗模型强调的是对于剩余劳动力流入城市的预期性，不仅要考
虑实际的工资差距，还要估算在城市的就业概率。尽管农民工在一
开始进入城市时，不能很快找到工作，但是当预期收入高于农村收
入及迁移成本时，农村剩余劳动力还是会流向城市。因为在城市时
间越久，找到工作的概率就越大，实现预期收入的可能性就越大。
托达罗模型用预期收入差距扩大来解释城市失业率激增的合理性，
为减少失业人口，农村应提供更多的就业岗位，缩小收入差距预
期。因此，政府应将相关政策向农村地区倾斜，完善农村基础设施
建设，解决好"三农"问题，做好教育、医疗、健康、卫生等方面
的保障，增加农村就业岗位，积极进行就业培训，合理引导就业，
实现就近就业和就地城镇化，减少剩余劳动力流向城市的压力，缓
解城市就业。国内学者钟水映等（2015）、张坤（2014）、吴忠涛等
（2013）等基于托达罗模型对乡村人口流动进行理论解释。

2.1.5 新迁移经济理论

传统古典迁移理论将个体作为迁移的决策主体，而新经济迁移
理论认为迁移行为的发生是家庭共同决策的结果。我国早期实行的
家庭联产承包责任制，对传统家庭观念的重视，严格的户籍制度等

都导致务工个体与农村家庭有着密切的联系，决策的出发点也更倾向于家庭利益的最大化。新经济迁移理论指出迁移决策不全是为了追求更高的工资收入，也是为了家庭风险最小化，即使当城市工资和农村收入差不多时，出于分散家庭风险的考量还是会发生迁移行为。如家庭成员具有不同的年龄、身体素质、受教育程度、技能等特点，会安排一部分人进城务工，另一部分留在家里从事农业劳动，分散投资风险，从而将家庭利益最大化。同时，该理论还认为迁移会受到周围环境及信息闭塞滞后的影响。如深居在村里的农民并不了解城里产业的发展状况，受到周围高收入邻居的影响产生攀比心理，为减轻参照体系内的相对贫困，提高相对收入，更容易发生迁移行为。

2.2　国内外研究进展

近些年来，随着内地县域经济的发展，农民工流动出现了大规模回流趋势。从空间上看，农民工外流和回流均为农民工在空间位置上的变动，当本地具有就业岗位且能取得合理的工资性收入后，或者外流时不能取得工作岗位后，农民工就会选择回流至家乡或本地就业。全国农民工监测数据显示，2016 年度本地农民工的增长率较 2015 年加快了 0.7%，而外出农民工的增长率较上年却下降了0.1%，当年新增农民工中，本地农民工占比达 88.2%，而外出农民工中跨省流动者较上年却减少 79 万人（国家统计局，2017），实际上，2011 年以后各年本地农民工增幅均已高于外地农民工，回流态势已开始出现并明朗化。大规模的农民工回流，对农民工原就业地和回流地产生了双重效应。尤其是，在快速城镇化的过程中，农民工成为农区城镇化的骨干群体，农民工在务工地的市民化和回流后在本地的城镇化，成为影响中国城镇化进程的关键因素。目前，我国农民工回流规模正处于上升阶段，规模庞大的农民工回流正在改变农民工流动的空间格局。回流必然伴随回流区位的选择，开展对回流区位的研究是理解回流过程的重要内容。同时，对中国农民工回流区位的研究，也顺应了国际地理学界对行为地理研究的潮流（柴彦威，2010）。本书基于从中国知网（CNKI）、百度学术、谷歌学术等数据库和检索工具获取的文献数据，从国内、国外两个方面对农民工务工回流区位研究进展进行梳理，以期为相关研究提供参考。

2.2.1　国内研究进展

改革开放后，农村剩余劳动力开始大规模流入城市。然而，2008 年爆发的全球金融危机，对沿海地区的外向型制造业造成重大冲击，迫使大批农民工返乡和回流。近些年来，随着产业转移的推进和中、西部地区经济发展水平的提高，农民工返乡和回流现象愈演愈烈，相关研究也时有发表。纵观这些成果，有关回流区位的研究内容主要集中于以下几个方面。

2.2.1.1　回流动因与机制研究

农民工回流动因复杂多样，受到一系列因素的影响，概括起来可分为宏观、微观和中观三个层面。

在宏观方面，农民工回流主要是经济原因导致，与国家宏观经济形势和宏观经济政策密切相关。受 2008 年金融危机的影响，南部和东部以外向型经济为主的企业，由于订单的大量减少，导致工作岗位稀缺，大批农民工被迫回流（李梅、高明国，2009）。20 世纪 90 年代以来，中国政府为使国内东西部平衡发展，号召东部企业向中西部转移以加快中西部发展，特别是在 2010 年，国务院颁布了"关于中西部地区承接产业转移的指导意见"，2014 年又再一次明确了推进产业转移的具体政策措施，这些举措均有效地促进了产业转移。中西部地区经济环境的改善以及县域经济的发展，使越来越多的农民工选择在本地就业，导致农民工的大规模回流。农业税的取消和对农业及土地的补贴政策使农民的土地收益有所增加，在一定程度上也激励了农民的回流行为（刘铮，2006）。社会保障也对农民工回流产生了重要影响（石智雷、薛文玲，2015），城市长期社会保障缺失形成的推力以及农村长期社会保障逐步完善形成的拉力，均强化了农民工的回流意愿和决策。

在微观方面，农民工的回流行为是自身决策的结果，受到人力资本、个人特质、家庭状况、社会网络等多种因素的影响。人力资本匮乏的农民工、已婚和年龄偏大的农民工以及家庭中儿童较多和老人较少的农民工，回流的概率较大。农民工选择回流的概率还与外出务工的时间存在关联，随着时间的推移，呈现倒 U 型分布（殷江滨、李郁，2012）。在社区范围内，精英人物及与其有亲密关系的农民工留守或回流，与农民工的社会资本和社会网络有关（张骁鸣、保继刚，2009；任义科等，2017）。人力资本居中的劳动力相对人力资本较高的劳动力而言，外出务工后难以在务工城市稳定生活，更容易产生回流行为。家庭中的子女过多使得外出务工者更容易产生回流行为（尹虹潘、刘渝琳，2016）。父亲文化程度低、务工者本人健康状态不好和教育水平较低均可使外出务工者产生回流行为的意愿增加（方黎明、王亚柯，2013）。外出务工者的回流决策与赡养老人、家人团聚等家庭因素有关（胡枫、史宇鹏，2013）。外出务工者家庭经济资本的增加会成为其返乡回流的阻力，家庭人力资本以及家庭自然资本对外出务工者的回流具有一定的影响，回流的概率随着二者的增长而增大，但在达到某个阈值后开始下降（杨云彦、石智雷，2012）。婚姻和生育等生命历程中的重要事件对回流具有重要影响（彭璐等，2017）。

在中观层面，家乡和村庄及务工地因素对农民工回流也产生了重要影响。大中城市高昂的生活成本、居住成本以及底层的职业和工作状态，推动着农民工被迫回到户籍地附近地区就业和生活。户籍地的互联网和移民网络为进城务工的农民带来方便，但是户籍地的交通不便会增加其回流的概率（尹虹潘、刘渝琳，2016）。务工地点与城市的距离和外出劳动力回流的概率在一定程度上呈现出正相关关系，距离越远则回流概率越大，从而导致部分务工者重新回到农业就业（方黎明、王亚柯，2013）。外出务工者的回流决策受到户籍地社会经济发展状况的影响（胡枫、史宇鹏，2013），同时受到外出务工者自身经济因素的影响（殷江滨，2015）。外出务工者户籍所在的社区为其普通社区成员提供较高且稳定的收入，成为吸引农民工回流的重要原因（张骁鸣、保继刚，2009）。户籍地非农就业机会多，经济活动区位距离县城越近，其外出务工者越倾向于做出回流决策（殷江滨、李郇，2012）。

2.2.1.2 回流地及回流意愿地空间特征研究

仅有个别文献涉及回流空间问题，认为回流地点主要为县城、小城镇及乡村，但缺乏对其特征和原因的深入分析。回流劳动力的首要回流地是其户籍所在村，而另一个重要的空间选择则是其户籍所在的县城（王利伟等，2014；张甜等，2017）。本村、本乡镇中心地和本县城是省际流动农民工回流区位的主要选择地（高更和等，2017）。还有学者认为，农民工回流区位更偏向于选择小城镇，但该偏好并没有完全占据绝对优势。

不过一些成果对农民工的定居意愿进行了较为深入的研究，多数认为大中城市为其主要意愿地，但由于住房和就业等困境，现实选择主要是返乡和小城镇。在定居意愿地选择方面，由于案例数据的差异，不同学者得出的观点也不尽相同。一些研究认为，大中城市为其主要意愿地，而另一些观点认为农村为其主要意愿地。关于农民工的定居意愿是偏向大城市、中小城镇还是农村，目前并未形成共识。外出务工者的定居意愿明显偏好于大城市以及省内城市，在与一般的中小城市权衡对比后，省会城市更能吸引务工者做出定居的空间选择（孙中伟，2015）。外出务工者在做出回流空间选择时对大中城市具有明显的回流意愿，但实际上，这种区位选择仍然有较大的难度，外出农民工的城市化呈现出强烈的矛盾性，其意愿的城镇化层次越高，实现的预期却越低（周蕾等，2012）。与大城市相比而言，出于对居住成本和居住适应能力的考虑，外来务工者中的绝大多数在市民化的实际选择依旧是中小城镇，新生代外出务工者对于中小城镇的适应能力表现出明显的优势（李练军，2015）。同时研究表明，居住意愿的选择同家庭、个人特征、社会资本等有关（湛东升等，2017）。收入水平较高和主事者年龄较大的家庭更愿意回流至户籍所在地而不是大城市，但是，社会资本以及外出务工者的家庭自评等级对回流决策产生明显影响，资本累积越多和自评等级越高的外出务工者家庭，越倾向于做出在县城及以上的大城市定居的决策（甘宇，2015）。

2.2.1.3 回流的区域影响研究

回流对务工城市和农村区域均产生了重要影响，这些影响可能是正面的，也可能是负面的，尤其是对于务工源地而言，影响的方向性并没有形成共识。对于外来务工者流入的城市而言，农民工回流给城市造成的劳动力价格上涨，导致部分城市出现民工荒现象，使其城市建设目标的顺利实现遇到阻力（杨智勇、李玲，2015）。对于务工源地而言，多数研究认为，农民工回流带回了技术、资金，其市民化行为，有利于促进中小城镇发展，尤其是回流农民工的创业行为有利于农村地区经济的发展。实证研究表明，外出务工者积累了大量的技术和人力资本，在空间上选择回流不仅能够促进当地非农产业的发展，而且可以推动不发达地区县域经济的发展（殷江滨、李郁，2012）。大多数外出务工的农民工会选择永久性迁移到务工地点周围的中小城镇，表明农民工就近转移或者就地转移未来应成为我国实现农民工城镇化的重要途径（戚迪明等，2014）。调查发现，购房驱动型及创业驱动型成为主动回流的主要动因类型，其中，创业项目与回流前所从事的工作有关（刘云刚、燕婷婷，2013）。回流的外出务工者并非是外出务工的"失败者"，反而表现出更强的工作能力，主要是因为他们在务工过程中积累了一定的人力资本和物质资本。回流后从事创业项目，不仅增加了农户家庭收入，且促进了农村经济的多元化（殷江滨、李郁，2012），实现了在中小城镇市民化的目的。

但是，也有研究认为，回流也可能带来负面影响。实施回流决策的农民工，可能加剧人地之间的矛盾，影响社会安定，遏制农业生产，阻碍现代化进程，重拾农业碎片化经营模式，使农业产业化进程速度减慢（杨智勇、李玲，2015）。返乡农民工的工资过高会导致增加企业的转移成本，不利于东部产业转移，将大量低端产业转移到中部地区可能产生滥占耕地，甚至会产生提高农产品价格和劳动力成本的问题。此外，还有研究认为，相比那些仍旧外出务工的农民来说，农民工的回流行为多数是负向选择的结果，回流对农村经济的贡献并非像多数的研究那样乐观（胡枫、史宇鹏，2013），回流行为是职业福利降低的结果，是对职业损益的一种理性反应（万国威，2015）。

2.2.2　国外研究进展

在国际人口迁移流动的相关研究中，务工移民回流现象作为人口迁移的重要组成部分，逐渐成为学者们关注的焦点和热点。国际上对回流移民的研究历史较长，文献也较多。但和国内不同的是，回流移民大多为国际移民，而对国内各地区之间的回流移民研究相对较少。最早的回流移民研究可追溯至 1885 年拉文斯坦的研究，其曾对反迁移（counters streams）进行过论述。20 世纪 60 年代对劳动力回流的研究已经开始，在此之前国际上少有文献论述回流迁移，但到了 20 世纪 70 年代，文献开始增多，其主因是全球范围内经济的复苏。早期相关回流研究既关注回流对母国经济的影响，也关注务工者回流的动机及其预期。20 世纪 80 年代，有学者强调回流存在着不同的模式，同时也强调务工回流对母国经济的贡献（King，1986）。总的来看，研究重点主要围绕以下三个方面进行。

2.2.2.1 回流动因的理论分析

在国外的相关研究中，一些理论试图对回流动因进行解释。这些理论在早期主要有推拉理论、新古典经济学、新劳动力迁移经济学，后来，结构主义、跨界社会网络理论等也在不同程度上对回流成因进行了相关解释（Cassarino，2004；殷江滨，2015），同时这些理论也对回流移民、回流者、回流者动机、金融资本、人力资本等方面均有涉及。推拉理论认为，迁入地和迁出地都具有使迁移者生活条件改善的推力和拉力因素，当城市拉力高于农村拉力时，迁入城市就会发生，否则会回流至农村（Bogue，1959；Lee，1966）。新古典经济学认为，外出务工者之所以发生空间流动的最主要原因是追求务工收益的最大化，而务工者做出回流决策并产生回流行为，主要是在迁移成本和务工收益两个因素共同作用下形成的（Todaro，1976）。当务工者在务工所在地所获取的收入低于预期或预期收入目标未能实现时，则会返回务工来源地，进而发生回流（Constant and Massey，2002）。新劳动力迁移经济学认为，务工回流是移民在获得足够的资产和知识回到母国进行投资的特殊阶段。务工者选择外出务工主要是为了获取收益，当通过务工达到预期收入目标时，务工者也倾向于选择回流，由务工地返回来源地（Piore，1979）。结构主义方法论认为，回流不仅是参照务工者个体的务工经验来分析，而且应当参照务工者母国的社会和制度因素（Cassarino，2004），地方性因素对务工者的回流也具有重要影响（Lewis and Williams，1986）。对于跨界社会网络理论而言，主要是强调社会关系网络对外出务工回流产生的影响，而该网络主要是指外出务工者与移民输出国之间的关系网络（Cassarino，2004）。整体上，劳动力回流不仅是一种人口空间流动现象，也是一个十分复杂的社会经济现象。总之，在已有的研究中，经济学、地理学、社会学、人口学等相关学科均对劳动力回流现象进行了相关理论研究，学者们都尝试解读务工回流这个复杂的社会现象。在这些研究中，经济学理论最早论及劳动力回流现象，到目前为止，其相关的理论研究成果也较为丰富。

2.2.2.2　回流影响因素研究

近些年来，随着对务工者回流研究的逐渐深入，回流迁移的影响因素仍然被关注，涉及个人、家庭、社会网络、经济收入、心理、文化融入等因素。有研究发现，务工者发生回流的决策与其自身素质相关，反映了务工者个体的选择，一般情况下，掌握技能较高的务工者往往具有相对较强的迁移动机（Borjas，1987）。同时，劳动力之所以选择回流，一方面是由于务工者自身年龄较大、文化程度相对较低；另一方面是由于缺乏与所从事工作相关的必要技能等（Borjas and Bratsberg，1996）。迁移可以被视为是一种个人决策的结果，即追求家庭收入来源的多元化，并减少家庭收入变化（Ellis，1998），一定程度上是对工资差异的一种消极反应（Stark，1996）。一些研究认为个人因素是影响农民工回流的主要原因（Hare，1998），也有研究认为回流决策也与务工者的家庭因素密切相关，诸如家庭联系、社会关系网络等（Constant and Massey，2002；Haas and Fokkema；2011）。在可能对务工回流产生影响的因素方面，务工者在外务工的时间越长，越趋向于选择回流；而在务工所在地获得的工资越低，务工者越容易回流（Dustmann et al.，1996）。与此同时，心理和社会因素（Nicola and Matthias，2009）、生命周期（Kirdar，2009）、与母国的联系（Ravuri，2014）、高失业风险及低收入（Bastia，2011）等也被认为对回流迁移产生着重要影响。有学者以阿尔巴尼亚务工移民为例进行研究发现，随着国家社会经济和政治环境的改善，在2001年之后，大概有50%的外出务工者发生了务工空间流动，最后回流至原输出国（Piracha and Vadean，2010）。有学者对于在欧洲的摩洛哥移民回流意图的分析发现，劳动力市场的参与、教育和回流国家的经济和社会联系对回流意图的影响并不显著，投资、与摩洛哥的社会联系与回流意图正向相关，接收国的社会文化整合则与回流意图负向相关（Haas et al.，2015）。此外，务工来源地的家庭和社会联系、在务工输入地的工作机会、语言适应程度等对流动者的去留也产生着影响（Constant and Zimmermann，2012），当务工者在流入国具有较高的社会文化融入程度时，其回流意愿相对较弱，反之则具有较强的回流意愿（Haas and Fokkema，2011）。同时，母国的经济发展影响着务工者的潜在回流意愿（Sadowski‐Smith and Li，2016）。有学者基于对本地回流务工者和区际回流者的对比分析认为，回流到本地的务工者多从事农业，而回流到其他地方的务工者多从事非农产业（Junge et al.，2015）。

2.2.2.3 回流评价及区域影响研究

回流作为务工者个人决策的结果，可能是正向选择，也可能是负向选择，由于务工者个体决策的不同，回流之后所产生的区域影响也会存在差异，学术界对此并没有较为一致的看法。对于回流者，一些学者认为回流是负向选择的结果，可能带来负面影响，回流很大程度上是不成功的人口迁移，对于男性务工者而言，回流往往是由于流入国恶劣的就业市场环境，而女性务工者回流则是由于婚姻的结束（Hirvonen and Lilleør, 2015）。有学者对于墨西哥的分析也证实回流所产生的消极影响（Woodruff and Zenteno, 2001），在美国务工的墨西哥移民，当务工者的人力资本程度相对较低时，更倾向于回国，多做出了负向选择（Lindstrom and Massey, 1994）。与此相对应，有案例研究表明，回流也可能是正向选择的结果（Dustmann and Kirchkamp, 2002），务工者在海外务工所获得的工资性、技术性收益是回流移民在回流之后进行职业选择的决定性因素（Ilahi, 1999），在这种情况下，外出务工所得收益较大且积蓄较多的回流者，在回流至原输出国以后，有较大的可能性在原输出国创业（Piracha and Vadea, 2010），这类外出务工者，不仅获得了资金收益，还在一定程度上积累了人力资本，回流时一方面可以带回其在外出务工时所从事相关行业的工作技能和经验，另一方面也可以带回在其外出务工时所积累的资本和储蓄（Constant and Massey, 2002；Mccormick and Wahba, 2001），对母国经济发展产生积极的作用和影响（Démurger and Xu, 2010），亦可作为"桥梁"将知识从跨国公司总部传递给本地为其工作的员工（Choudhury, 2016），而海外务工储蓄、海外务工停留时间则可加大有较高教育水平的务工者回流创业的可能性（Mccormick and Wahba, 2001）。此外，也有研究认为对于务工回流现象，政府应当建立专门机构对务工者的回流和再整合进行管理（International Organization for Migration, 2014）。另有研究关注到了熟练工人的回流和人才回流（Gaulé, 2014）。

2.2.3 研究结论、不足与展望

2.2.3.1 研究结论

人口回流作为人口流动的重要过程，在国内外均得到相关学者的重视。国外的研究历史较早，因为人口回迁是和人口迁移相伴的，但和国内不同的是，这种回迁是跨国界的，而非国内各地区之间的迁移，其频率也是较低的。当前，国外相关的研究主要集中于回流动因的理论阐释、回流影响因素、回流评价和区域影响等方面。推拉理论、新古典经济学、新劳动力迁移经济学、结构主义、跨界社会网络等理论分别从不同的角度对回流动因进行了解释和讨论。个人因素、家庭因素、社会因素、经济因素、文化因素等均对回流决策和意愿产生重要影响。跨国回流可能是回流者的正向选择，也可能是负向选择，回国之后产生的区域影响也存在明显差异。国内的研究主要关注到了回流动因与机制、回流地及回流意愿地空间特征、回流的区域影响等方面。回流的产生是宏观因素、中观因素和微观因素综合作用的结果，人口回流与国家宏观经济政策和形势密切相关，但回流决策的制定和实施则是个人行为，与个体人力资本、个体特质、家庭状况有关，此外，村庄和务工地等中观因素对农民工回流也具有一定的影响。在回流地空间特征方面，对实际的回流地空间分布研究较少，但关于回流意愿地点的研究相对较多。在回流的区域影响方面，回流对务工城市和农村区域均产生了重要影响，这些影响可能是正面的，也可能是负面的，尤其是对于务工源地而言，影响的方向性并没有形成共识。不过，从我国农民工流动趋势来看，回流正在成为今后发展的

重要方向，农民离土不离乡的夙愿正在逐步变为现实。

2.2.3.2　研究不足与展望

农民工的重要地位决定了未来相当长时间内其仍为研究的焦点和热点问题，尤其是随着农民工回流趋势的加剧，对回流问题的研究将得到加强。关于农民工回流区位的研究，目前存在的不足和未来进一步的研究方向主要表现在以下几个方面：第一，一般性回流研究的成果较多，而对回流的空间区位研究的较少，需要加强研究。纵观国内外的研究，对回流成因、回流影响、回流创业、回流意愿研究的较多，这些成果多来自经济学和社会学，但是对回流的实际区位及其动因研究的很少。目前中国的城镇化如火如荼，新农村建设更是波澜壮阔，作为未来城镇化主体的农民工，如何选择定居和工作区位？对城镇化进程会产生什么样的影响？对新农村建设影响如何？这些都是值得研究的重大问题。第二，目前国内理论研究成果较少，对回流的解释也多引用国外的理论，而在回流区位方面，国内外基本上缺乏理论解释。结合目前中国大规模农民工回流的潮流，开展农民工回流区位选择的理论研究，具有重要的学术价值。例如，可从区位黏性理论角度，对该问题进行深入探索。第三，由于缺乏农民工流动的详细数据，目前对农民工回流区位的研究并不精细。下一步如何获取农民工回流的具体地点、具体时间和动因数据，然后以此数据开展精细研究，具有重要的学术价值。可对典型地区进行务工回流者的调查，在此基础上进行深入研究，再进行归纳和总结。第四，目前对回流区位的研究，采用一般统计和质性分析的成果较多，而模型量化和地图空间分析方法的成果比较少，今后应加强数学模型、数学方法和空间分析等方法的应用和研究。

第3章

河南省农民工回流务工区位
研究：45个村案例研究

随着中国中西部县域经济的发展，越来越多的农民工回流至本省或本地务工或创业，长期形成的人口乡城流动格局正在发生重要变化。据监测统计，2018年全国外出农民工中，省外就业人数比上年减少1.1%，省内就业比上年增加1.7%，省内所占比重较上年提高0.7%，而省外下降0.7%；与此同时，在外出农民工中，进城农民工1.35亿人，比上年减少204万人，下降1.5%（国家统计局，2019）。作为中国的农民工大省，河南省从2011年开始，省内农村劳动力转移就业人数已连续8年高于向省外输出农村劳动力人数，农村劳动力逐步向省内回流。中国传统的"自西向东的人口梯度流动模式"已经被"东强西弱的非对称双向流动模式"取代，人口回流的趋势已不容忽视（豆晓等，2018）。

规模不断增大的农民工回流引起了国内学者们的关注，近年来相关成果不断增多，研究领域主要集中于回流的动因、回流的区域影响、促进回流和创业的政策措施等方面。农民工回流虽然是自身微观因素作用的结果，但受到国家宏观经济政策等因素的制约，同时也受到社区、城市等中观因素的影响（高更和等，2019）。年龄、性别、学历等个人因素，及婚姻、家庭劳动力禀赋、家庭社会资本和物质资本对回流决策有显著影响（王子成、赵忠，2013；甘宇，2015；张丽琼等，2016；陈晨，2018；张甜等，2017）。国家实施的向中西部产业转移的政策及中西部地区地方经济的发展，成为影响农民工回流的根本原因。城市长期社会保障的缺失和农村社会保障的逐步完善是导致农民工回流的重要因素（余运江等，2014；石智雷、薛文玲，2015）。农民工的返乡回流意愿与社区的社会经济特征、地区特征都有着十分密切的联系（张丽琼等，2016），农村流动人口所处的社会、文化、城市环境均对其回流创业行为产生影响（冯建喜等，2016）。多数研究认为，回流存在合理性，农民工回流后的务工和创业，对农村地区的经济发展产生了正面影响（殷江滨，2015），尤其是在返乡创业方面，大多数研究都保持了乐观的态度，特别强调了农民工回流是推动中国新型城镇化战略实施的重要途径（任义科等，2017；门丹、齐小兵，2017）。但是也有学者认为，回流可能加剧人地矛盾，重拾农业碎片化经营模式（杨智勇、李玲，2015），回流行为是职业福利降低的结果，是对职业损益的一种理性反应（Kou et al.，2017）。由于回流对农村地区经济社会发展具有积极作用，一些研究支持通过各种政策和优惠措施促进农民工回流和返乡创业，实现就地就近城镇化（任义科等，2017；陈文超等，2014；戚迪明等，2014）。

国际上对跨国回流移民也进行过类似的研究，但较少关注国内各地区内部的人口回流。由于人口流动本身就包含不同方向的流动，一些理论在较早时期就对回流动因进行了理论解释，如新古典经济学、推拉理论、新劳动力迁移经济学（Bogue，1959；Lee，1966；Todaro，1976）及后来的结构主义、跨界社会网络理论等（Cassarino，2004；Lewis and Williams，1986），它们分别从迁移成本和务工收益的比较、城市和农村的拉力对比、回国进行投资、母国社会制度、务工者与母国的关系网络等角度对回流进行分析。此外，有研究采用反向文化冲击模型、文化适应策略框架、文化认同模型等心理学模型也对回流进行了分析（Gullahorn and Gullahorn，1963；Berry，1997；Sussman，2002），其分别从本土文化对移民文化的冲击、适应本土文化、对母国文化认同等方面对回流进行剖析。对回流的影响因素研究长期以来受到重视，涉及个人、家庭、收入、社会网络、心理、文化等因素。研究认为，个人因素是回流的主要原因（Hare，1998），家庭联系、社会网络对回流决策具有重要影响（Haas et al.，2015），在务工地较低的收入和高失业风险（Bastia，2011；Kerpaci and Kuka，2019）及母国经济发展水平的提高将增加回流的概率（Sadowski–Smith and Li，2016），在输入国的文化整合和语言适应程度对务工者的去留产生重要影响（Haas et al.，2015；Constant and Zimmermann，2012）。在对回流的评价方面，并未形成共识，一些学者认为回流是负向选择的结果，可能带来负面影响（Hirvonen and Lilleør，2015；Woodruff and Zenteno，2001），而另一些学者则认为是正向选择，对母国经济和社会发展具有积极作用（Haas and Fokkema，2011；Démurger and Xu，2010；Choudhury，2016；International Organization for Migration，2014；Gaulé，2014）。

回流务工区位决策是农民工回流后必然面对的现实问题。绝大多数农民工回流后仍采取工资性收入策略，只有少数进行创业活动，也有个别退出劳动力市场。回流务工区位不仅是其回流后经济活动的主要区位，同时对居住和购房区位具有重要影响。目前对回流务工区位的研究成果较少，有的个别成果也只是提及县城、镇为其主要回流选择地或期望选择地（张甜等，2017；王利伟等，2014），但较少对回流务工区位进行深入研究。本章采用田野调查数据，对农民工回流务工区位选择及影响因素进行研究，以期丰富行为区位理论和人口流动理论，并为乡村振兴战略及新型城镇化战略的实施提供参考。

3.1 研究区域选择、数据来源、样本概况与研究方法

3.1.1 研究区域选择

选择河南省作为研究案例区的主要原因是其具有较强的典型性和代表性。河南省为中国传统的农业大省，农民工数量巨大，总量达 3000 万人左右（陈润儿，2019），一般占到全国农民工总量的 10% 左右，其中，外出农民工数量 1300 万人左右，常位居全国农民工数量省份前列。近些年来，河南省回流农民工数量也较多，2019 年累计返乡创业达 130.23 万人，带动就业 813.57 万人（陈润儿，2019），回流农民工正在成为县域经济发展的重要力量。

3.1.2 数据来源

研究所采用数据来自作者组织的田野入户调查。调查在 2019 年

2月农历春节期间进行，因为此时绝大多数农民工都要回村过年或看望家人、亲戚或朋友，调查员可方便进行面对面访谈。调查员为河南财经政法大学的本科生或研究生，共45人，调查前这些调查员均进行过培训和模拟调查。调查问卷由作者设计，问卷内容主要包括被试者个人概况、家庭概况、回流前务工情况、回流后务工或待业或退休等情况、回流后居住情况等。此外，对村干部也进行了村庄社会经济发展概况的访谈和调查。

根据地形、经济发展水平、距城市距离、行政区划、回流农民工数量等情况，考虑到数据的可得性，随机选择45个村进行问卷调查（见表3-1）。样本村分布如下：平原28个、丘陵9个、山区8个；经济发展水平高（农民人均纯收入 $M \geq 1$ 万元）9个、中（0.3 万元 $< M < 1$ 万元）23个、低（$M \leq 0.3$ 万元）13个；近郊（距离地级市建成区边界 $N \leq 35$ 千米）13个、中郊（$35 < N < 80$ 千米）20个、远郊（$N \geq 80$ 千米）12个。此外，还要确保每个地级市至少有1个以上的样本村。为保证被试者的随机分布，在样本村内，逐小组或逐街道进行问卷调研，每村问卷总量控制在30~50份。调查结束后，对问卷进行录入和编码，删除掉21份无效问卷后，形成由1606个样本构成的数据库（每个样本86个属性数据），其中，回流后务工样本901个，该数据库成为本章研究的基础。

表3-1   样本村分布

样本村	县区（县级市）	地级市	样本村	县区（县级市）	地级市
焦行村	浚县	鹤壁市	陈村	渑池县	三门峡市
陈庄村	泌阳县	驻马店市	郭集村	淮滨县	信阳市

续表

样本村	县区（县级市）	地级市	样本村	县区（县级市）	地级市
留村	滑县	安阳市	舜帝庙村	伊滨区	洛阳市
姚庄村	襄城县	许昌市	汤庄村	通许县	开封市
宋圪当村	原阳县	新乡市	仝庄村	汤阴县	安阳市
南旺村	华龙区	濮阳市	龙卧坡村	长葛市	许昌市
郜村	卫辉市	新乡市	大路王村	鄢陵县	许昌市
阳驿东村	宁陵县	商丘市	刘畈村	商城县	信阳市
程庄村	柘城县	商丘市	张吴楼村	项城市	周口市
范里村	卢氏县	三门峡市	西南庄村	安阳县	安阳市
南丰村	洛宁县	洛阳市	老唐庄	沈丘县	周口市
小庄村	扶沟县	周口市	薛庄村	方城县	南阳市
金岸下村	长垣县	新乡市	刑桥村	汝南县	驻马店市
贾庄村	舞阳县	漯河市	八里庙村	尉氏县	开封市
聚台岗	太康县	周口市	周庄村	新城区	平顶山市
连岑村	鹿邑县	周口市	机房村	博爱县	焦作市
田堂村	汝州市	平顶山市	马庄村	山阳区	焦作市
中街村	上蔡县	驻马店市	井沟村	新安县	洛阳市
奎文村	西峡县	南阳市	肖庄村	汝阳县	洛阳市
小五村	新野县	南阳市	东周村	伊川县	洛阳市
翟泉村	孟津县	洛阳市	老庄村	虞城县	商丘市
白楼村	郸城县	周口市	四合村	巩义市	郑州市
罗岗村	内乡县	南阳市			

3.1.3　样本概况

务工样本被试者共 901 位，分布较为分散。其中，男性占比 68.04%，女性占比 31.96%，男性多于女性；已婚者占比 83.69%，未婚者占比 16.32%，以已婚者为主；年龄上以 21～50 岁为主，占比达 81.13%，其次为 51～60 岁，占比为 14.10%，61 岁以上及 20 岁以下很少；学历以初中（占比 49.83%）、高中（20.31%）和小学（15.54%）为主，其余较少。省外回流者占比 73.14%，省内回流者占比 26.86%，回流者主体为省外回流者。

3.1.4　研究方法

采用描述性统计分析方法，对各类指标进行统计分析，采用二元逻辑回归方法（binary logistic regression analysis）进行影响因子的识别。具体操作在 SPSS13.0 软件中进行。

二元 Logistic 回归模型通过拟合解释变量与事件发生概率间的非线性关系，进行事件发生概率估计（张广海等，2017）。设 X_1，X_2，$\cdots$，X_n 为 n 个自变量，代表每个样本的第 n 个特征。考虑 n 个具有独立变量的向量 $X = (X_1，X_2，\cdots，X_n)^T$，表示影响事件 A 发生概率的因素（其中 T 代表转置运算）。记 $P(x)$ 表示 A 事件发生的概率。若令 $P(x) = f(X_1，X_2，\cdots，X_n)$，则可将 $\ln\{P(x)/[1-P(x)]\}$ 简记为 $F(X_1，X_2，\cdots，X_n)$，易知 $F(X_1，X_2，\cdots，X_n) = \beta_0 + \beta_1 X_1 + \beta_2 X_2 + \cdots + \beta_n X_n$，其中 β_0 为截距，$\beta_1 \sim \beta_n$ 分别为各自变量的偏回归系数。因此：

$$P(x) = \frac{\exp(\beta_0 + \sum_{k=1}^{n} \beta_k X_k)}{1 + \exp(\beta_0 + \sum_{k=1}^{n} \beta_k X_k)} \quad (3.1)$$

式（3.1）为二元 Logistic 回归模型，其中系数 β_0、$\beta_1 \sim \beta_n$ 可通

过极大似然参数估计迭代计算得到。

3.2　回流务工区位特征

农民工回流是指农民工务工地距离的显著缩小现象（以村庄为中心）。根据回流前务工地的空间分布情况，可划分为从省外回流和从省内回流两类（分别简称为省外回流和省内回流），其中，前者指原来在省外务工，后回流到省内某地尤其是家乡附近地区；后者指原来在省内较远的地方务工，后回流到家乡附近地区。根据回流后务工地的行政属性，可把回流务工地划分为中心城市（中心城区）、县城、乡镇中心地（简称集镇）和村庄四类。

3.2.1　省外回流

从省外回流的农民工，主要回流至县城和村庄，其次为中心城区和集镇。据调查统计，省外回流者总样本数为659人，其中，回流至县城274人，占比41.58%；回流至村庄171人，占比25.95%，二者合计占比为67.53%（见表3-2）。县城作为区域的中心地，近年来随着县域经济的发展得到较大发展，县城已从单纯的区域行政管理中心转变为区域的经济中心。因为较低的地价和较为丰富的资源，县城逐渐成为第二、第三产业的集聚中心，从而成为吸引农民工回流的主要载体。此外，县城较低的房价，也成为农民工回流定居的重要区位，依据居住区位而选择务工地，使县城成为回流务工地的主要选项。与此同时，县城数量多、分布广，距农民工所在村庄距离较近，如果县城有合适的工作岗位，农民工往往会将其作为首选。村庄是农民生存的根基，村庄往往具有较为丰富的土地资源，依托土地的农业企业或者非农业企业，也成为农民工务工的重要选项。也有不少农民工经过长期务工的资金积累，在村庄或附近地区经商或开办小型加工业，致使村庄成为回流就业的重要阵地。回流至中心城区的务工者占比 17.75%，回流至集镇的占比为 14.72%，均占比较小。中心城区指地级市的建成区，虽然第二、第三产业相比县城具有较大的优势，但由于距离村庄较远，回流者并不多。集镇虽然距离村庄较近，但集镇的经济规模和就业能力较小，因而吸引回流者的能力也有限。

表 3 - 2 　　　　　　　　 不同回流源地的回流务工区位分布

区位	省外回流		省内回流		合计（人）
	人数（人）	占比（%）	人数（人）	占比（%）	
中心城区	117	17.75	24	9.91	141
县城	274	41.58	95	39.26	369
集镇	97	14.72	52	21.49	149
村庄	171	25.95	71	29.34	242
合计	659	100	242	100	901

3.2.2　省内回流

省内回流者主要回流至县城和村庄，其次为集镇，中心城区占比较小。据调查统计，从省内其他地方回流至县城的人数为 95 人，占比 39.26%，回流至村庄 71 人，占比 29.34%，二者合计占比为

68.60％（见表 3-2）。由此可以看出，和省外回流相似，县城和村庄为农民工回流最主要的务工区位类型。但和省外回流不同的是，省内回流至集镇的占比更大（高出省外 6.77 个百分点），而中心城区则更小（低于省外回流 7.83 个百分点）。原因与务工区位的路径依赖有关。省外务工者多数在中心城市务工，较少在集镇务工，回流后他们多数仍选择省内的中心城市，较少选择在集镇务工，而省内则相反。因此省外回流者在中心城区务工的概率大于省内回流者，而在集镇务工的概率则是省内回流者大于省外回流者。综合考虑省外回流和省内回流，在回流区位上，主要集中于县城和村庄，中心城区和集镇的回流规模基本相当。在 901 个回流样本中，回流至县城 369 人，回流至村庄 242 人，合计占比达到 67.81％。回流至中心城区、集镇分别为 141 人和 149 人，二者分别占比为 15.65％ 和 16.54％。由此可知，县城是回流者的最重要选择地，其原因是县城距离村庄较近，较易取得工作岗位，也可能县城是其居住区位。因此，应将县城作为农区发展和农区城镇化的重点对待。

3.2.3　非本属区位

无论是省外回流者还是省内回流者，多数回流于家乡所在的行政区域系统中的不同区位（本属区位），但也有少部分回流至其他区位（非本属区位）。据调查统计，回流至非本属区位务工者共 124 人，仅占回流务工者总样本（901 人）的 13.76％，人数较少，其余 777 例为本属区位。这表明，农民工回流区位主要选择的是本属区位。中国的行政区划历史悠久，具有较大的合理性。这种区划不仅与经济发展相联系，而且也与自然环境有关，村民对行政区划空间的认知较为肯定且较为稳定，所获信息也较为丰富，再加上距离较近，故农民工回流区位的选择以本属区位为主。但由于种种原因，仍有少部分回流者也选择了非本属区位。

非本属区位选择中，非本属—附近成为主要选项，选择非本属—省会者较少，距离是影响务工地选择的重要因素。根据距离远近，可以将非本属区位划分为非本属—省会（Ⅰ类）、非本属—附近（Ⅱ类）和非本属—外地（Ⅲ类）3类，其中，Ⅰ类指非郑州市籍农民工选择郑州（省会）作为务工地，Ⅱ类指选择与家乡交界的附近地区作为务工地（但不属于本行政区域系统），Ⅲ类指上述2类外的其他区位（一般距离家乡较远）。据调查统计，选择Ⅰ类区位务工者39例，占31.45%，Ⅱ类72例，占58.07%，Ⅲ类13例，占10.48%，可见Ⅱ类区位比重最高，Ⅲ类最少（见表3-3）。由此可以认为，回流者在非本属区位选择中，主要以家乡邻近地区作为首选，其次为省会，而到远离家乡其他地区务工的较少。距离在回流者务工区位选择中具有重要作用。选择省会较少的原因，除了与距离有关外，还可能与省会较高的生活成本有关。

表3-3　　　　　　　回流务工者的非本属区位选择　　　　　　单位：人

非本属区位	省外回流				省内回流				合计
	中心城区	县城	集镇	村庄	中心城区	县城	集镇	村庄	
省会郑州（Ⅰ类）	35	1	2	0	1	0	0	0	39
附近（Ⅱ类）	9	38	8	8	0	3	5	1	72
外地（Ⅲ类）	5	5	1	1	0	1	0	0	13
合计	49	44	11	9	1	4	5	1	124

非本属区位选择者主要以省外回流为主，中心城区和县城是其主要选择地。据调查统计，非本属区位选择者中，省外回流者113例，占91.13%；省内回流者仅11例，占比8.87%，表明省内回流者主要选择了本属区位，省外回流者中只有少部分选择了非本属区位（尽管省外回流者占非本属区位选择者的比重较大）。省内回流者主要选择本属区位，主要是由于对务家的需求，收入高低因子不是特别重要（因省内地区间工资差异较小），相反，省外回流者由于在外省取得过较高的工资收入，对收入高低因素较为重视，因此选择省会和中心城区的人数较多，同时选择县城的比例也较大，而选择集镇和村庄的比例则较小（见表3-3）。

3.3　影响因素分析

3.3.1　变量选择

根据相关理论和参考相关研究成果，影响农民工回流务工区位选择的因素可概括为个人因素、家庭因素、社区因素和务工因素4类，见表3-4（甘宇 2015；陈文超等，2014；林李月、朱宇，2014；曾文凤、高更和，2019；杨慧敏等，2014）。根据行为学行为规律理论（戴延平，2012），个体特性是人类行为决策的基础，农民工具有的不同个体特征对其行为和决策具有重要影响。个人因素包括年龄、性别、婚姻、学历、技能等，不同性别、不同婚姻状况和不同年龄阶段的个体，其行为目的具有较大差异，不同学历和不同技能及是否拥有技能，对工作选择具有重要影响。家庭经济学认为，个人决策是整个家庭决策的一部分，个人行为符合家庭收益最大化的要求，家庭社会学（朱强，2012）认为，家庭成员在家庭中承担家庭义务和享受权利方面具有不同的模式，因此家庭人口数量、家庭代数、抚养比等因子影响家庭成员个人的务工决策，家庭所拥有的生产资料（如耕地）状况对其生产经营行为有重要影响，家庭居住区位影响生产生活等活动的空间和地理范围。村庄社区作为农民工的出生地、成长地和农业生产活动及社会活动的基地，对农民工务工区位决策有重要影响。村务工人数、村务工比、村回流比等衡量农民工规模和回流规模指标，反映了村庄社区内部务工信息的丰富程度和务工社会环境，影响着农民工回流、务工等决策。村人均收入的高低，标志着村庄经济社会的发达程度，对农民工务工的收入预期具有重要影响。村庄距离中心城市的远近，决定着通勤的时间成本，影响务工者对务工地的选择。村庄所处地形，反映了地理环境及交通环境的状况，对农民工务工地决策具有一定意义。农民工务工是一个连续过程，以往的工作经历可对后续务工产生影响，回流前的务工状态影响回流后的工作性质和对工作地点的选择。务工因素主要以回流前最近一次的务工状况衡量，包括务工地类型、务工地范围属性（回流源地）、务工距离、务工时间，及回流时长（最近一次务工结束至调查时的持续时间）等。

表 3 - 4   变量设计

因素	因子	赋值（单位）	说明
个人因素	年龄	实际值（岁）	被试者的实际年龄
	学历	实际值（年）	被试者实际受教育年限
	性别	男 1，女 0	哑变量，被试者性别
	婚姻	已婚 1，未婚 0	哑变量，被试者的婚姻状况，离异属于已婚
	技能	有 1，无 0	哑变量，被试者是否具有一定的劳动技能
家庭因素	家庭人口	实际值（人）	被试者家庭的总人口数
	家庭代数	实际值（代）	被试者家庭由几代人组成
	扶养比	实际值	被试者家庭被扶养人口除以劳动力人口
	耕地	实际值（公顷①）	被试者家庭承包的耕地面积
	居住区位	村 1，非村 0	哑变量，被试者家庭是否居住在村庄
	家庭经济地位	差 1，中 2，好 3	哑变量，被试者对本家庭在村中经济状况的评价
社区因素	村人均收入	实际值（元）	调查年份村农民人均纯收入
	村务工人数	实际值（人）	调查年份村务工人数
	村务工比	实际值	调查年份村务工人数除以村总人口
	村回流比	实际值	调查年份村回流人数除以务工人数
	距城市距离	实际值（千米）	村到本行政区地级市的直线距离
	村地形	平原 1，丘陵 2，山区 3	哑变量，村庄所在地区地形分类
务工因素	回流时长	实际值（年）	被试者回流返乡的时间长短
	前务工时间	实际值（年）	被试者回流前最近一次务工工作持续时间

因素	因子	赋值（单位）	说明
务工因素	前务工距离	实际值（千米）	被试者回流前最近一次务工的工作地到村庄的距离
	回流源地	省外1，省内0	哑变量，被试者回流前最近一次务工所在省份
	前务工地类	城区1，县城2，集镇3，村庄4	哑变量，被试者最近一次务工工作地中心地类型

注：①实际数据按1亩＝0.0667公顷换算。

3.3.2 模型运算

回流后务工地类型包括中心城区、县城、集镇和村庄4类，限于篇幅，本章将其合并为城市（包括中心城区和县城）和乡村（包括集镇和村庄）两类进行影响因素的分析。因为因变量为二分变量（城市取值为1，乡村为0），因此采用二元 Logistic 回归模型进行分析。将因变量和自变量输入 SPSS13.0 中 Binary Logistic Regression 模块中进行运算，可得到表3-5的回归结果。经相关系数检验分析，自变量之间不存在高度自相关关系。模型参数 Omnibus 检验达到显著性水平（Sig. = 0.0000），模型通过 H-L 检验（Sig. = 0.1303）。模型的 Cox & Snell R^2 = 0.1765，Nagelkerke R^2 = 0.2368，模型预测准确率为66.26%（切割值为0.500），可以很好地满足分析要求。

表3-5　二元Logistic回归结果

因素	因子	B	S. E.	Wald	df	Sig.	Exp（B）	95.0% C. I. for Exp（B）	
								下限	上限
个人	年龄	-0.0216	0.0090	5.8193	1	0.0159	0.9786	0.9616	0.9960
	学历	-0.0028	0.0347	0.0064	1	0.9361	0.9972	0.9316	1.0675
	性别	-0.2140	0.1709	1.5676	1	0.2106	0.8074	0.5776	1.1286
	婚姻	0.1343	0.2672	0.2526	1	0.6152	1.1437	0.6774	1.9310
	技能	0.2518	0.1685	2.2332	1	0.1351	1.2863	0.9246	1.7896
	家庭人口	-0.1292	0.0752	2.9518	1	0.0858	0.8788	0.7583	1.0184
	家庭代数	0.3735	0.1863	4.0197	1	0.0450	1.4529	1.0084	2.0932
	抚养比	-0.0277	0.1291	0.0461	1	0.8299	0.9727	0.7552	1.2527
	耕地	-0.0208	0.0324	0.4138	1	0.5201	0.9794	0.9191	1.0436
家庭	居住区位	1.6924	0.1941	76.0378	1	0.0000	5.4327	3.7137	7.9473
	家庭经济地位			1.8078	2	0.4050			
	家庭经济地位（差）	-0.5401	0.4198	1.6556	1	0.1982	0.5827	0.2559	1.3266
	家庭经济地位（中）	-0.3329	0.2933	1.2880	1	0.2564	0.7169	0.4035	1.2738
	村人均收入	0.0001	0.0000	4.3272	1	0.0375	1.0001	0.9999	1.0000
社区	村务工人数	-0.00005	0.0002	0.0958	1	0.7569	0.99966	0.9997	1.0003

续表

因素	因子	B	S.E.	Wald	df	Sig.	Exp(B)	95.0% C.I. for Exp(B) 下限	上限
社区	村务工比	0.5481	0.7422	0.5453	1	0.4602	1.7300	0.4039	7.4105
	村回流比	1.3789	0.5886	5.4877	1	0.0192	3.9706	1.2526	12.5866
	距城市距离	-0.0065	0.0020	10.2112	1	0.0014	0.9936	0.9896	0.9975
	村地形			2.5387	2	0.2810			
	村地形（平原）	-0.3251	0.2452	1.7574	1	0.1850	0.7225	0.4468	1.1683
	村地形（丘陵）	-0.4731	0.3055	2.3982	1	0.1215	0.6231	0.3424	1.1339
	回流时间长短	0.0005	0.0186	0.0006	1	0.9798	1.0005	0.9646	1.0376
	前务工时间	-0.0120	0.0241	0.2477	1	0.6187	0.9881	0.9424	1.0359
	前务工距离	0.0002	0.0001	1.8692	1	0.1716	1.0002	0.9999	1.0004
	回流源地	-0.1551	0.2276	0.4642	1	0.4957	0.8564	0.5482	1.3378
务工	前务工地类			25.3849	3	0.0000			
	前务工地类（中心城区）	1.3305	0.3389	15.4157	1	0.0001	3.7828	1.9470	7.3495
	前务工地类（县城）	1.2102	0.3901	9.6235	1	0.0019	3.3541	1.5614	7.2051
	前务工地类（集镇）	0.3983	0.3947	1.0186	1	0.3129	1.4894	0.6871	3.2282
	常量	-0.1228	0.9618	0.0163	1	0.8984	0.8844		

注：上述哑变量的比较对象分别是：性别，男；婚姻，已婚；技能，有技能；居住区位，好；村地形，山区；家庭经济地位，好；回流源地，省外；前务工地类，村庄。

3.3.3　结果分析

个人因素中的年龄达到显著性水平。年龄因子的系数为负，表明年龄越大的回流者，越趋向于在乡村区位中务工，而年龄越小的回流者，越趋向于在城市区位中务工。年龄是表征回流者个体特征的重要指标，随着年龄的增长，务工者的体能降低，对收入高低的敏感性也会降低，而对自身健康和家庭的关注则会增强。年龄较长者，只要在家乡附近能获得合理的收入（尽管不高），其满意度就很高。因此，其多在本村或者附近的集镇上寻找工作。年龄较小者则对收入高低考虑较多，往往回流至中心城区或者县城寻找工作。因此，年龄对回流务工区位选择具有的负相关效应。

家庭因素中的家庭人口、家庭代数和居住区位等因子达到了显著性水平。家庭人口是衡量家庭规模的重要指标，该因子系数为负，表明规模较大的家庭中的回流者在乡村区位务工的概率较大。现代农村家庭多以核心家庭为主，样本调查统计的结果显示，家庭平均规模 5.07 人，多以夫妻 2 人加上自己的 2～3 个子女构成。但由于组成家庭成员的复杂性，单身家庭及两口之家、三口之家等较小规模家庭及较大的复合家庭也有存在。人口较多的家庭，家务负担相对较重，为了务家，家庭骨干成员往往采取就近务工的方式来兼顾照顾家庭和增加收入，故导致家庭人口规模在回流务工区位选择中的负向效应。家庭代数因子系数为正，则表明这种选择更多的是考虑务家中的照顾子女而不是父母或者祖父母。实际上，在现代商品经济发展过程中，农村社会结构发生较大变化，过去的复合大家庭已很少存在，传统的赡养关系也发生了很大变化。当然也不排除处于照顾长辈的原因而选择在村庄附近就业情况的存在，只不过这种情况较少发生，概率较小。居住区位因子达到显著性水平，表明和居住于村庄区位的回流者相比，居住于非村庄区位（如集镇、县城、城区等）的回流者较多地选择在中心城区、县城等区位务工，即务工区位与居住区位具有对等性。距离是影响回流者选择务工地的重要原因，虽然和外出相比，回流在很大程度上解决了空间距离问题，但在微观上，距离居住地的远近仍是务工区位选择的重要因素，与此对应，居住于村庄的回流者，选择在距离较近的乡村区位务工的概率较大。

社区因素中的村人均收入、村回流比和距城市距离达到了显著性水平。村人均收入因子系数为正，表明村人均收入越高的回流者，选择在中心城区和县城等区位务工的概率越大。但从模型结果看，该因子系数为 0.0001，OR 值为 1.0001，说明这种效应强度较小。一般而言，务工的工薪收入在不同级别的中心地存在较大差异，等级越高，收入越高。人均收入较高、经济较为发达的村，回流者只能到能取得更高收入的区位务工，而不可能到工资较低的区位务工，除非在中心城区或县城等区位找不到工作或者受制于家庭等的牵绊。所以，收入较高的村庄，其回流者进入城市务工的概率较大。村回流比因子达到显著性水平，系数为正，表明回流比较高的村，回流者进入中心城区和县城务工的概率较大。回流比是指某村在调查时段，回流者人数占本村务工者总数的百分比。村回流比高，意味着回流趋势显著，较多回流者的信息交流和相互攀比使其对收入因素较为重视，因此选择城市务工的概率较大。距城市距离因子达到显著水平，且系数为负，表明距离城市较远的村，回流者选择在集镇和村庄务工的概率较大。原因为我国的地级市往往具有较大的腹地范围，距离城市较远的村的回流者，可能更愿意在村庄附近地区寻找工作以便于处理家务。回流者之所以回流，最重要的机制是寻求务家和收入的平衡。因此对于城市距离较远村的回流者而言，村庄、集镇等区位是其务工的重要选项。

务工因素中的前务工地类型因子达到了显著性水平。和前务工地在村庄相比，前务工地为城区、县城的回流者，继续选择在城区和县城务工的概率较大。长期在外地的中心城区和县城等工作的回流者，收入水平较高，回流后多数仍选择工资收入较高的中心城区和县城务工，而往往不愿选择收入较低的集镇和村庄务工。相反，原工作地为集镇和村庄等区位的务工者，可能适应了这种较低的收入和环境，因此选择集镇和村庄的概率较大。这表明，由于收入"惯性"作用，务工区位等级具有路径依赖特征。

3.4 结论与讨论

回流已成为我国农民工空间流动的重要趋势，未来将重塑农村人口流动的空间格局。基于901份田野调查数据，采用描述性统计和二元逻辑回归方法，对农民工回流务工区位及影响因素进行了研究。通过研究，可得到以下结论。

第一，农民工回流后务工区位选择主要以县城为主，其次为村庄，中心城区和集镇较少。县城作为回流务工的首选与距离较近、收入较高、工作机会较多及居住区位等有关，县城在回流务工区位中扮演着重要角色，应将县城作为农区发展和农区城镇化的重点对待。省外回流和省内回流是农民工回流的基本形式，但二者在回流务工区位的选择上存在一定差异，相对而言，省外回流较多选择中心城区作为务工地，省内回流则较多选择集镇作为务工区位。回流务工区位以本属区位为主，但也存在少量非本属区位。非本属区位中，非本属—附近为主要选项，其次为非本属—省会，而非本属—外地占比最少。距离在回流务工区位选择中具有重要作用。

第二，影响回流农民工务工区位选择的显著因子主要包括社区因素中的村人均收入和村回流比及距城市距离、个人因素中的年龄、家庭因素中的家庭人口和家庭代数及居住区位、务工因素中的前务工地类型等因子。农民工回流后，虽然整体上解决了距离问题，但仍在更小的空间尺度上继续存在务工和务家的平衡问题。社区的社会经济环境影响着回流者的务工区位决策，城市地理距离即使在回流后仍对回流者的务工地选择产生着影响。在一定程度上，随着务工者年龄的增长，村庄将成为其最终的归宿。务家中的照顾子女比照顾长辈重要，以子女为中心的家庭社会行为比较普遍。在回流务工区位选择上，存在路径依赖现象。

本章从回流者角度出发，基于微观视角，对农民工回流务工区位进行了研究，但农民工回流务工区位的选择行为受制于一定的社会经济结构，不同等级中心地的就业机会、工薪水平和居住功能等对回流者的吸引力应是进一步研究所关注的重点。本研究主要是基于河南省样本村调查数据所得结果，结论是否具有更大范围的适应性，需要不同学者结合不同地区进行实证研究。尽管本研究样本数量较大，但如果能获得更大的样本数据，将有利于对该问题的深入研究。

第 4 章

省际流动农民工回流
区位及影响因素研究

在城市化、工业化进程中，农村劳动力到外地务工就业一直伴随着大量的回流现象，这引起了经济学和社会学界的极大重视（石智雷、杨云彦，2012）。尤其是受 2008 年全球金融危机的影响，我国经济增速放缓，失业率激增，大批农民工被迫回流返乡，相关研究从 2009 年开始增多。近些年来，随着我国产业转移、经济布局调整和中西部区域经济的发展，农民工回流持续增加，对回流的研究也开始成为学者们关注的重点。

目前，国内相关研究主要集中于回流的状态与特征（刘云刚、燕婷婷，2013）、动因（石智雷、杨云彦，2012）、影响因素（袁方等，2015）、经济社会影响（邵腾伟等，2010）等方面。回流与流动是农民工空间流动的两种最基本方式，国内有关农民工回流动因的相关理论也多引用国外的研究成果（石智雷、杨云彦，2012；丁越兰、黄晶，2010；高更和等，2016），因为流动本身暗含着对回流的解释，如刘易斯的二元经济理论、斯达克的新迁移经济理论、托达罗的预期收益理论、生命周期理论、赫伯尔的"推拉"理论、结构主义理论、人力资本理论等。同时结合中国国情，学者们也从制度主义、成本收益、家务管理、推拉力等方面分析农民工回流的机制和理论框架，普遍认为，户籍制度（高强、贾海明，2007）、经济政策（匡逸舟等，2014）、社会保障（余运江等，2014）、就业岗位、收入状况（袁方等，2015）、社会资本和社会关系网络（高更和等，2012）、农民工个体因素及人力资本（袁方等，2015）、家庭因素等（杨云彦、石智雷，2012）是影响农民工回流的重要因素。在回流效应上，正向效应与负向效应并存（高强、贾海明，2007），但多以负向选择为主（胡枫、史宇鹏，2013），回流有助于我国二元经济结构的转换（金沙，2009），但对农民工回流创业应该持谨慎态度（胡枫、史宇鹏，2013）。

国际上对回流移民的研究历史较长，文献也较多。但和国内不同的是回流移民大多为国际移民，对国内各地区之间的回流移民研究较少。最早的回流移民研究为 1885 年拉文斯坦的研究，其曾论述过反迁移（counters streams）。20 世纪 60 年代以前国际上很少有文献论述回流迁移，但到了 70 年代，文献开始增多，其主因是全球范围内经济的复苏。较早时期的研究内容主要包括回流的空间分类和时间分类（King，1978；Gmelch，1980）、人才回流（Hodgkin，1972）、回流迁移与区域发展（Mcarthur，1979）、影响因素等（Gmelch，1980；Russell，1986）。近些年来，回流迁移的影响因素（Hirvonen and Lilleør，2015）及其社会效应（Piracha and Vadean，2010；Dustmanna et al.，2011）、回流后的区域和职业选择（Junge et al.，2015）、熟练工人的回流和人才回流（Gaulé，2014）仍然被关注。在影响因素方面，人力资本（Junge et al.，2015）、婚姻、家

庭和生活方式（Hirvonen and Lilleør，2015）、心理和社会因素
（Nicola and Matthias，2009）、生命周期（Kirdar，2009）、与母国的
联系（Ravuri，2014）、失业等被认为对回流迁移具有重要影响。有
学者认为，回流到本地多从事农业，而回流到其他地方多从事非农
产业（Junge et al.，2015）。对于回流者，一些学者认为是负向选择
的结果（Hirvonen and Lilleør，2015），也可能带来负面影响（Woo-
druff and Zenteno，2001），而有案例研究表明，回流也可能是正向
选择的结果（Dustmann and Kirchkamp，2002），回流者更可能是
创业者（Piracha and Vadean，2010），带回技术和储蓄（Dustman-
na et al.，2011）。

　　上述成果给本研究以重要启示，但有关省际流动农民工回流区
位的研究成果还较少，而对回流区位的研究不仅是认识农民工空间
流动规律的重要内容，而且在实践上对于回流区域制定相关政策具
有重要意义。本章将主要从回流的区位分布及影响因素方面对此问
题进行研究。此外，鉴于目前对农民工回流的概念尚无统一认识，
本章将省际流动农民工回流定义为：农民工（农民外出至省外务工
6 个月以上）返回到本省且持续时间在 6 个月以上。

4.1　数据来源、研究区域选择、样本 概况与研究方法

4.1.1　数据来源

本研究所使用数据来源于作者组织的农民工回流调查。调查内

容主要包括农民工本人及家庭概况、外出务工地点及工种、行业、收入情况、回流原因、回流地点选择及回流后生产经营情况。调查方式为农民工问卷调查和村干部深度访谈，其中，问卷调查通过设计问卷、试调查和问卷修改等环节完成。调查员来自河南财经政法大学的研究生和本科生，共 12 人，调查前均经过严格培训，调查时间为 2014 年春节期间。所调查村庄共 12 个，其选择考虑到了地形、城郊区位、经济发展水平、农民工分布等因素，在河南省的分布比较分散，基本上代表了农民工回流的整体情况。调查结束后，对问卷进行录入和汇总，剔除掉个别无效问卷后，最终形成 529 个样本、每个样本 55 个属性的数据库，本数据库成为本章研究的基础。

4.1.2 研究区域选择

本研究以河南省作为案例区进行研究。河南省位于中国中部，是古老的黄河文明的发源地，优越的地理环境，使其成为我国人口密度最大的地区之一，2014 年河南省人口达 9413 万，占全国的 7%（国家统计局，2015），位居全国第三。和我国人口第一大省广东省相比，其输入人口较少，而广东省的人口总数在很大程度上得益于人口输入。河南省则相反，长期以来是我国最重要的劳动力输出区，外出农民工一般保持在全国 10% 左右。河南地处中原腹地，是我国铁路运输和公路运输的最重要枢纽地区，对外交通便利，农民工在全国分布较为广泛，南部沿海、东部沿海、北部沿海、西部地区、周边地区都成为河南省农民工的务工目的地。总之，河南省的农民工数量之多和分布之广在我国均具有较强的代表性。

4.1.3 样本概况

全部样本中，男性 353 人，占比 66.7%，女性 176 人，占比 33.3%，呈现出以男性为主的特征，这和外出农民工的总体构成基本一致，表现出回流者的随机性。从年龄上看，20 岁以下、21 ~ 30 岁、31 ~ 40 岁、41 ~ 50 岁、51 ~ 60 岁、60 岁以上的农民工所占比重分别为 4.0%、30.2%、22.3%、28.4%、12.5%、2.6%，表现出集中于年龄较大区间的特点。在教育水平上，文盲、小学、初中、高中及以上人数分别为 9 人、175 人、284 人、61 人，呈现出以小学和初中为主的特点，和农民工整体的教育水平基本一致。外出务工年限较长，平均 8.3 年，其中，务工年限在 5 年以下者高达 241 人，占比达 45.6%，5 ~ 10 年者 155 人，占比 29.3%，10 ~ 20 年者 94 人，占比 17.8%，20 年以上者仅 39 人，占比 7.4%。回流农民工的务工地较为分散，分布于全国 25 个省区市，但主要集中于河南、广东、北京、浙江、上海、山东、江苏 7 个省区市，其占比为 76%。

4.1.4 二元 Logistic 回归模型

该模型是一种典型的对数线性模型，通过回归拟合解释变量与事件发生概率之间的非线性关系，被广泛应用于分析不同解释变量取值组合呈现状态的概率，以及在一定条件下事件发生与否的概率（杨小平，2009）。

记 $X = (X_1, X_2, \cdots, X_{P-1})^T$ 表示影响事件 A 发生概率的因素，

$P(x)$ 表示事件 A 发生的概率。设 F 为线性函数 $F(X_1, X_2, \cdots, X_{P-1}) = \beta_0 + \beta_1 X_1 + \cdots + \beta_{P-1} X_{P-1}$，则：

$$P(x) = \frac{\exp(\beta_0 + \sum_{k=1}^{p-1} \beta_k X_k)}{1 + \exp(\beta_0 + \sum_{k=1}^{p-1} \beta_k X_k)} \qquad (4.1)$$

式（4.1）称为二元 Logistic 回归模型，由此可直接计算事件 A 发生的概率，模型中的系数采用极大似然参数估计迭代计算。

4.2　农民工回流区位特征

本村、本乡镇和本县城是省际流动农民工回流区位的主要选择地。省际流动农民工回流地域的行政范围主要包括本村、本乡镇（除本村外）、本县（除本乡镇外）、本市（除本县外）、外市 5 类。据调查统计，在这 5 类地域中，本村、本乡镇和本县城成为农民工回流的首选。在所有样本中，回流至本村的 153 人，占总样本数的 28.9%，回流至本乡镇的 173 人，占比 32.7%，回流至本县的 157 人（其中县城 148 人），占比为 29.7%，三者合计占到样本总数的 91.3%，回流区位表现出高度的集中性。此外，回流至本市的仅有 20 人，占比 3.8%，回流至外市的 26 人，占比 4.9%（见表 4-1）。

表 4-1　　　　　　　　农民工回流区位分布

区位	人数（人）	比例（%）	累计比例（%）
本村	153	28.9	28.9
本乡镇	173	32.7	61.6

续表

区位	人数（人）	比例（%）	累计比例（%）
其中，乡镇政府所在地	113	21.36	
本县	157	29.7	91.3
其中，县城	148	28.0	
本市	20	3.8	95.1
外市	26	4.9	100

　　本乡镇、本县城成为回流区位首选的主要原因在于，这两个点位可以实现农民工离土不离乡的夙愿。首先，在空间距离上，乡镇和县城距离农民工所在村庄较近，其中，乡镇平均距离为 5.3 千米，县城平均距离为 12.6 千米。由于距离很近，农民工外出务工所造成的社会网络的中断已不复存在，其拥有的社会资本在非农产业发展中将继续发挥作用。尤其是便于照顾家庭成员，如小孩、老人、配偶等，家庭社会关系并未因从事非农产业而断裂。实际上，中国农民工的外出务工行为遵从一个基本规律，即增加收入与务家之间的平衡，回流至本村、本乡镇和本县城很好地解决了务家问题。其次，在乡镇和县城具有从事非农产业的基本条件。县城和乡镇作为农村地域的中心地，具有向其腹地提供服务的基本功能，聚集了大量的第三产业，可以承载较多的产业人口和劳动力。同时，在产业转移、县域经济发展等政策的推动下，不少乡镇和县城的第二产业功能日益增强，一些产业集聚区得到较好发展，企业不断增多，就业容纳能力得到提升。

　　本村则为农民工的"根"，是农民工空间活动的出发点和回归地。回流至本村的农民工多为永久性回流，主要包括年龄较大者、身体有病者等。据调查统计，年龄大的劳动力面临高强度的工作身体可能会吃不消，选择回流到本村从事较为轻松的农活，该部分回流农民工104个，占被调查样本总数的19.7%；一些务工者长期劳累成疾，不得不回到当地休养生息，而不再外出打工，此部分农民工27个，占比为5.1%。

本乡镇、本县城成为农民工创业首选区位。农民工经过长期打拼，积累了一定的资金，人力资本也得到一定的提升，进而开始创业，主要是开办商店做小生意。据调查统计，此类创业者共121个，占全部回流者的22.9%。由于村落内部消费市场狭小，这些创业活动很少在村内进行。创业区位选择在本市外县和市外的几乎没有，其原因主要与离家距离较远或社会资本缺乏有关。这些创业活动大多选择在本乡镇或本县城，因为其克服了上述两个缺陷，可使创业活动得以进行并实现合理的利润。但总的来看，此类创业者属于少数，且从事的经济活动规模较小、范围有限。

本市、外市回流农民工较少。二者合计占到回流农民工的8.7%。回流至本市外县的，仅20例，占样本总数的3.8%，可能与特殊的社会关系或外县能够提供工作岗位有关；回流到外市的26例，占样本总数的4.9%，主要是由于外市能够找到工作，且收入较高，同时家中无太大负担。

4.3　影响因素分析

4.3.1　变量设计

关于农村外出农民工回流决定因素的经验研究，已有成果的自变量主要是迁移者年龄、性别、教育程度、婚姻状况、户籍性质、人均耕地面积、在外流动时间、相对收入水平等（胡枫、史宇鹏，2013；丁月牙，2012）。此外，家庭特征对于农民工回流的作用也是社会学和经济学家的兴趣所在（张辉金、萧洪恩，2006；Dustmann，2003）。本章将回流因素概括为个体因素、家庭因素、村庄因素、务工因素4类进行分析。其中，个体因素包括农民工的性别、年龄、婚否、受教育年限4个因子；家庭因素包含家庭人口总量、家庭中小学生数量、家庭代际数量、家庭幼儿数量、家庭农民工数量、家庭老人数量6个因子；村庄因素包含村农民人均纯收入、人均耕地面积、在本村的经济地位、村庄地形、距最近地级市的距离5个因子；务工地因素包含务工工种、务工地区位、务工公司环境污染情况3个因子。这些影响因子的赋值和含义如表4-2所示。

表4-2　　　　　　　　　　　变量设计

指标	代号	变量	赋值（单位）	含义
个人变量	X_1	性别	男性1；女性0	农民工本人的性别
	X_2	年龄	实际年龄（岁）	调查时农民工的实际年龄
	X_3	受教育年限	实际值	农民工本人接受教育年限
	X_4	婚否	是1；否0	农民工本人调查时的婚姻状态，离异按1处理
家庭变量	X_5	家庭人口总量	实际人口（人）	调查时农民工家庭实际人口数量
	X_6	家庭中小学生数量	实际值（人）	调查时农民工家庭实际中小学生数
	X_7	家庭代际数量	实际值（代）	家庭中由几代人构成
	X_8	家庭幼儿数量	实际值（人）	农民工家庭中7岁以下的幼儿数量

指标	代号	变量	赋值（单位）	含义
家庭变量	X_9	家庭农民工数量	实际值（人）	农民工家庭中，男性 16 ~ 60 岁，女性 16 ~ 55 岁的健康农民工人口数量
	X_{10}	家庭老人数量	实际值（人）	农民工家庭中，男性 60 岁以上，女性 55 岁以上的人口数量
村庄变量	X_{11}	人均耕地面积	实际值（公顷①）	等于家庭总耕地面积除以家庭总人口
	X_{12}	在本村经济地位	很好 1；较好 2；中等 3；较差 4；很差 5	农民工家庭在本村的相对经济水平
	X_{13}	村农民人均纯收入	实际值（元）	等于农民工所在村总纯收入除以村总人口
	X_{14}	村庄地形	平原及盆地 1；丘陵 2；山地 3	农民工所在村庄的地形崎岖度分类
	X_{15}	距最近地级市的距离	实际值（千米）	农民工所在村庄到最近地级市的距离
务工变量	X_{16}	务工地区位	中部 1；东部 2；西部 3	省际外出农民工务工目的地所在地带
	X_{17}	务工公司环境污染情况	无 0；较轻 1；中度 2；较重 3；严重 4	农民工回流前务工企业的环境污染情况
	X_{18}	务工工种	根据工种优良程度分类②	农民工回流前主要从事的职业工种

注：①实际数据按 1 亩 = 0.0667 公顷换算。
②清洁工、洗车工为主的保洁人员为 1；体力劳动为主的工厂工人和建筑工人为 2；售货员类为 3；有一技之长的技工为 4；经商为主的老板为 5。

4.3.2　回归分析

本章基于现有的理论和研究文献，利用 SPSS19.0 统计软件，采用极大似然估计方法建立农民工回流影响因素的二元 Logistic 回归模型，回归分析结果见表 4 – 3。其中，因变量定义为：农民工回流到本县为 1，回流至县外为 0。

表 4 – 3 　　　　　　　　　模型运算结果

变量	回归系数	标准误差	统计量	自由度	P 值	Exp（B）
常量	– 3.061	1.841	2.765	1	0.096	0.047
X_1	0.041	0.381	0.012	1	0.913	1.042
X_2	0.059	0.024	6.034	1	0.014 **	1.060
X_3	0.146	0.101	2.098	1	0.148	1.158
X_4	0.129	0.536	0.058	1	0.810	1.138
X_5	0.303	0.245	1.539	1	0.215	1.354
X_6	0.409	0.211	3.764	1	0.052 *	1.505
X_7	0.410	0.453	0.821	1	0.365	1.507
X_8	0.565	0.405	1.943	1	0.163	1.759
X_9	– 0.818	0.246	11.025	1	0.001 ***	0.441
X_{10}	– 0.179	0.315	0.325	1	0.568	0.836
X_{11}	1.587	0.473	11.246	1	0.001 ***	4.888
X_{12}	0.288	0.241	1.424	1	0.233	1.334
X_{13}	0.000	0.000	0.720	1	0.396	1.000
X_{14}	0.443	0.319	1.920	1	0.166	1.557
X_{15}	0.002	0.004	0.209	1	0.647	1.002

变量	回归系数	标准误差	统计量	自由度	P 值	Exp（B）
X_{16}	-0.499	0.331	2.274	1	0.132	0.607
X_{17}	0.083	0.238	0.122	1	0.727	1.087
X_{18}	-0.071	0.130	0.302	1	0.583	0.931

注：***、**、*分别代表在 0.01、0.05、0.1 水平上显著相关。

从表 4 - 3 可以看出，农民工年龄、家庭中小学生数量、家庭农民工数量、人均耕地面积均达到了显著性水平。

个体变量中，农民工年龄达到了显著性水平。农民工年龄的回归系数为正，说明年龄越大的农民工越倾向于回流到当地，而年龄较小的农民工趋向于在外地工作。这是由于年长的农民工，既要照顾幼儿，又需赡养老人，家庭负担相对较重，因此回流到当地照看家人或务农的概率较大；而年龄较小的农民工，多数向往城市生活、寻求刺激又充满挑战的生活，同时在一些经济发达地区就业工资收入较高，因此回流至外地城市的概率较大。同时，农民工年龄回归系数为正，说明了农民工回流的负向流动，即回流到本县的农民工更多的是由于在省外工作的不胜任或不适应，年龄越大，回流到当地的概率就越大。事实上，随着农民工年龄的增长、体能的下降，回到当地成为农民工的多数选择。

家庭变量中，家庭中小学生数量和家庭农民工数量均达到显著性水平。家庭中小学生数量与农民工回流区位显著正相关，说明农民工家庭中小学生数量越多，农民工选择回流到当地的概率越大。从家庭中小学生数量与农民工回流区位的交叉统计中可以看出，家庭中有 1 个以下的中小学生，农民工选择回流的比重为 87%，家庭中有 2～3 个中小学生的农民工选择回流的比重达到 95%，家庭中有 3 个以上中小学生的农民工选择回流的比重为 100%，完全回流。这是由于中小学生多的家庭，农民工要面临照顾学生、辅导学生的重担，更倾向于回流到本地。家庭农民工数量与回流区位显著负相关，说明家庭农民工数量越多，回流到本地的概率越小，农民工在外地工作的概率越大。这是由于劳动力较多的家庭，可以相互分担家庭的压力，农民工照顾家庭和处理家庭日常事务的负担较小，从而可以选择长时间在收入较高、就业机会较多的大城市务工。中国农民工的务工机制，实际上取决于外出务工收益和务家之间的平衡，且以务家为前提条件和基本选项，即外出务工主要是为了增加家庭收入，弥补家庭收支赤字，当家庭成员需要时，农民工就会选择回流至当地。

村庄变量中，人均耕地面积达到显著性水平。人均耕地面积与回流区位显著正相关，说明农户拥有的人均耕地面积越大，越倾向于回流到本地。这是因为耕地是农民的根本，耕地面积越大，农产品总产量越大，农业产业收益就越大。相反，如果耕地面积越小，农户的基本生存得不到保障，农民工就不愿意回流到当地务农。农民工在空间上的位置取决于不同区位推拉力的对比，如果本地的拉力增大，农民工就会选择在本地就业和生活，即回流至本地。相反，如果本地拉力减小，外地拉力增大，农民工就不会选择回流至本地而选择外地。这种拉力，主要体现在经济方面。

4.4　结　　论

随着我国区域经济格局的调整和变动，省际流动农民工空间分布格局正在发生着重要的改变，回流已经成为农民工流动的重要过程，开展相关研究对理解农民工的空间流动机制具有重要的现实意义。本章以抽样调查取得的 529 份农民工回流问卷数据，采用统计分析和二元 Logistic 回归模型对农民工的回流区位选择及影响因素进行了研究，可得到以下结论。

第一，本村、本乡镇和本县城成为省际流动农民工回流区位的主要选择地，本乡镇和本县城也成为农民工回流创业首选的区位，而本市、外市回流农民工较少。整体上，农民工回流以负向选择为主，正向选择和创业选择所占比例较小。回流区位选择的主要机制是务家和经济收益的平衡，应大力发展乡镇和县城经济，使其成为农民"离土不离乡"的主要载体，从根本上解决剩余劳动力转移问题。

第二，影响省际流动农民工回流区位选择的主要因素为农民工年龄、家庭中小学生数量、家庭农民工数量、人均耕地面积等。其中，年龄、家庭中小学生数量、人均耕地面积与回流区位呈显著正相关关系，家庭农民工数量与回流区位呈显著的负相关关系。农民工流动与回流实际上均为农民工在空间中的位置选择与变动，其取决于不同区位的黏性大小，如果本地的黏性增大，农民工就会选择在本地就业和生活，即回流至本地。

第 5 章

农民工回流区位选择研究

——以河南省 14 村为例

人口迁移和流动是社会经济发展过程中的一种普遍现象，也是区域人口动态发展的最重要因素，它的存在和变化对区域经济、社会发展乃至生态环境等诸多方面都产生着直接、间接的影响。自 20 世纪 80 年代中期以来，在中国的社会转型与城乡二元经济体制的共同作用下，中国农村剩余劳动力开始在城乡之间大规模流动，出现了一波又一波的"民工潮"，又出现过几次规模较大的"回流潮"，并呈现出与国际上的人口迁移不同的特点和独特的发展趋势，尤其是近年来随着中国产业转移、区域经济协调发展战略的实施等外部环境的变化，以及农民工群体自身的发展变化，回流规模持续增加，对农民工回流问题的关注成为经济和社会生活的焦点之一，对回流的研究也越来越受到学术界的重视。2017 年中国农民工总量已经达到 2.8836 亿人，相比 2009 年的 2.2978 亿人，增长了 25.49%，2009~2017 年，不论是全国还是各区域，农民工跨省流动占比均在逐年减少，这从侧面说明了许多原来选择跨省流动，尤其是在长三角、珠三角务工的农民回到了省内，同时在农民工总量中，本地农民工（指在户籍所在乡镇地域以内从业的农民工）占比约40%，增速快于外出农民工（指在户籍所在乡镇地域外从业的农民工）增速。另外，国家统计局近 9 年全国农民工监测调查数据显示：在 2009 年、2017 年，东部地区务工的农民工比例分别为 62.5%、59%，在中部地区务工的农民工比例分别为 17%、20.6%，在西部地区的农民工比例分别为 20.2%、20.1%（国家统计局，2010，2018）。农民工的流向地分布总体特征是仍以东部为主但逐年减少，外出农民工逐渐向中西部地区转移，且回流显现出趋势较为明显的稳定状态。

迁移和流动的愿望是为了寻找满意的区位，而对于农民工来说，回流并不仅仅是因为经济原因选择的结果。因此，从区位选择的角度对农民工回流的动力机制、状态与特点、变化趋势和控制进行探讨，这对于我们理解人口流动的影响因素，认识农民工空间流动的规律，为政府有关部门制定和调整农村人口回流决策和行为将提供有益的参考价值。此外，中国新时代社会的矛盾变化即不协调、不平衡问题，其中就包括城乡区域发展和收入分配差距依然较大的问题。随着工业化和城镇化的快速发展，乡村衰落最明显的特征就是劳动力要素的流失，并带来了农村空心化、农业人口老龄化等问题，从这一点上来看，农民工是中国社会城市与农村经济发展不均衡的必然产物。在这种情况下，研究农民工回流对于乡村振兴战略和城乡协调发展的实践更具有现实意义。本章基于 2019 年春节期间在河南省的 14 个村庄共计 437 份调查问卷 51566 个属性数据，利用二元 Logistic 回归模型对农民工回流区位进行分析，并尝试回答几个问题：（1）近年来农民工回流区位选择有什么特征？变化趋势如何？（2）其变动的影响因素主要有哪些？（3）本次研究对于回流区的决策者能够提供什么有益的启示或者建议？

5.1 文 献 综 述

中国学者们从 20 世纪 90 年代开始关注农民工回流问题，并展开一系列相关研究。通过在中国知网上以"农民工＋回流"和"农民工＋返乡"关键词查询期刊和著作文献，发现累计研究成果共2494 篇，在 2009 年达到最热，这与 2008 年以来全球金融危机的爆发带来大量农民工回流有关。随后热度降低，但在这之后中国经济一直保持低速增长，区域产业结构调整等使地区间回流人口规模持续增长，同时中国新时代社会的矛盾变化即不协调、不平衡问题，其中包括城乡区域发展和收入分配差距依然较大的问题，使得相关学者不能忽视规模庞大的农民工群体，这对当前乡村发展和人口城镇化也具有积极意义。

国内外学者对农民工回流的研究涉及社会学、人口学、经济学、管理学和地理学等多个学科。其中在理论选择上，国内学者主要借鉴推拉理论、托达罗人口流动模型、二元经济理论、新劳动力迁移理论、社会网络理论、家庭生命周期理论、人力资本理论以及产业转移理论来探讨农民工回流现象，并都或多或少借鉴了劳动力迁移中推拉理论的分析框架，将农民工回流的"推力分析"和"拉力分析"预设为基本的逻辑起点。研究内容集中于回流相关理论分析下农民工回流的动因与机制、回流的规模和阶段性特征、农民工回流对回流地和务工地的影响，以及农民工回流对整个经济社会的影响、对农民工回流后再就业和创业的职业和区位选择、农民工回流的价值实现、问题与对策研究等方面。一般将农民工回流定义为:在外务工的农民工由于各种原因,返回县域以内的家乡所在地务农、就业或创业达半年以上,或者今后相当长一段时间内不再打算外出务工的劳动力迁移。

一些学者从经济学角度对农民工回流返乡意愿、回流决策影响因素、回流决策的影响、回流创业行为等问题进行了研究。在农民工回流动机与影响因素方面,金融危机已对农民工就业造成较大影响,突出表现在提前返乡、工资下降等方面。例如,赵亮等(2009)据吉林省农民工返乡抽样调查数据,应用微观计量方法分析认为,金融危机使农民工回流的概率增加了40.46%,在建筑业和制造业中的农民工回流概率较高,流动距离对农民工回流具有正向影响,务工时间、务工收入和受教育程度对农民工回流具有负向影响。肖冬华等(2010)运用生产函数(CES)经济增长模型进行实证分析,发现城市产出水平、城市工资水平、资本价格、农村收入、农村劳动力外出打工付出的成本、城市失业劳动力总量等是影响农民工回流的主要因素。刘铮等(2006)认为农村剩余劳动力在理论上处于劳动力无限供给的状态,一些外企和个体私营企业,产生了无限利用廉价劳动力,拼命赚取劳动力剩余价值的动机,客观上造成劳动力回流农村的后果。

在回流农民工的创业意愿上,石智雷等(2010)等分析认为外出务工时从事加工制造业和个体经营、参加过技能培训的返乡农民工,其创业意愿更强。张若瑾(2018)运用博弈均衡、双边界询价法进行实证分析显示:相比创业补贴,创业小额贷款对农民工创业意愿激励更大，年龄、受教育程度、耕地面积等因素对创业意愿影响均具代际差异，老一代创业意愿受年龄及耕地面积的影响更为显著；回流农民工大都愿意选择在县域范围内开展创业活动，同时其创业的行业选择和形式偏好具有一定的地域分层特征。在回流效应上，金沙（2009）认为农民工回流有利于中国二元经济结构转换，通过分工和专业化，促进农业现代化发展。刘玉侠等（2018）通过调研发现，不同回流农民工群体特征不同，不同地区社会经济发展水平等外部条件不同，回流农民工的就业也存在着差异：西部地区通过发展现代农业吸纳回流农民工，东部地区通过发展农村电商增加就业岗位，东西部地区切实考虑旅游资源可能带给回流农民工的就业空间。

　　另外一些学者从社会学角度对社会保障与农民工回流意愿的关系、户籍制度对农民工市民化的障碍、社会网络和社会资本与农民工回流再就业和创业的关系等方面进行了研究。石智雷等（2017）认为城市长期保障的缺失是导致农民工回流的重要因素，代表城市公共服务的子女教育、社会福利、住房保障以及就业服务等对农民工回流产生了"阻滞"效应，且对农民工的远期回流意愿影响更显著，城市社会保护对农民工市民化有着显著的正向影响。户籍是影响中国城乡流动的最为突出的制度障碍，它不仅对推拉发生一般的影响，而且还使得推拉失去效力，户籍制度下农民工受到"非市民化"歧视、推动农民工持续"回流"。社会网络对于农民工来说，不管在与出外务工还是回流都产生重要的影响，依靠原生社会网络有效规避风险、降低成本、获得安全感和信任感。有调查发现，返乡创业成功的农民工，吸引了其许多在外务工的朋友、老乡回乡就业创业。同时，农民工回流对健全家庭教育以及解决青少年教育问题有着重要意义。

地理学角度的研究主要是分析在不同区位上农民工回流的空间特征和影响因素。在区位特征上，高更和等（2017）认为本村、本乡镇和本县城是省际流动农民工回流区位的主要选择地，本乡镇和本县城也是农民工回流创业的首选区位，而本市、外市回流农民工较少。张甜等（2017）认为家乡区位的地形、与县城之间的距离、与乡镇之间的距离、家乡地居民创业的积极性、政府的支持等显著影响农民工选择机会创业的动机。高更和等（2017）认为农民工流动与回流实际上均为农民工在空间中的位置选择与变动，其取决于不同区位的黏性大小，如果本地的黏性增大，农民工就会选择在本地就业和生活，即回流至本地。

研究普遍认为户籍制度、农民工个人因素、家庭因素、经济政策、社会保障、人力资本、就业机会和社会网络等是影响农民工回流的重要因素。同时也可以看到，农民工回流决策影响因素不应取决于单一因素，应是各种因素共同作用的结果。农民工的流动状况对于社会经济发展、秩序稳定具有重要影响，不仅包括经济发展的影响，还包括社会文化、政治生活、法律建设等方面的影响。在研究尺度上，各个学科领域研究发挥自己的学科优势，既有从国家、社会宏观层面的研究，也有对区域和省际尺度的研究，以及对农民工个体的微观研究。在研究的基础上，对于政策制定发挥各自的学科长处，提出了多方面的意见和建议，具有很多启发性和创新性的结论，但也存在意见不一的情况。

中国农民工回流问题研究还有很多不足。第一，关于农民工回流问题的研究大多局限于宏观角度，十分缺乏中、微观尺度的研究，尤其是对于农民工个体的研究还有待进一步深入。第二，缺乏对于具体政策制定的研究，如关于如何将农民工回流与乡村振兴、新型城镇化建设相结合，对于具体的政策细节，却缺乏详细的研究，这就极易造成政策研究成果难以投入实际应用当中，同时也使实际问题的解决效率低下。

上述成果大多数都是在调查问卷和统计数据的基础上加以分析的，对本章有重要的启示，同时也可以看到关于区位分析的研究还很少。本章将主要从农民工回流的区位分布、区位特征和影响因素等对这一现象展开讨论。

5.2　数据来源、研究区域选择与样本概况

5.2.1　数据来源

本次研究所使用的数据来源于作者组织的农民工回流调查。调查内容主要包括农民工本人及其家庭情况、外出务工地点以及工种、回流原因、回流地点选择。调查方式为农民工入户问卷调查。调查员在河南财经政法大学资源与环境学院的本科生中择优选取，共 15 人。在调查之前对所挑选的调查员进行了严格的培训，调查时间为 2019 年春节期间（1 月 22 日 ~ 3 月 5 日）。此次调查的村庄有 14 个，涉及河南省的 10 个地级市，其选取综合考虑了地形、区位、

经济发展水平和农民工数量分布等因素，这些村庄在河南省的分布比较分散因而基本上可以用来代表河南省农民工回流的整体情况。调查结束后，进行甄别，剔除掉个别无效问卷后，对有效问卷进行编号，将纸质问卷答案数据输入 Excel2010 中，形成农民工回流区位数据库，该数据库大小为 $437 \times 118 = 51566$（437 户，每户 118 个属性）。

5.2.2 研究区域选择

本章以河南省作为案例区。首先，它是华夏文明发源地，优越的地理环境使其长期处于人口大省的地位。2017 年河南省常住人口9559.13 万人，位居全国第三。中国人口第一大省广东省的人口总数在很大程度上得益于人口输入，河南省则相反，长期以来均是中国最重要的劳动力输出区，外出农民工一般占全国 10% 左右。其次，地理位置居中，农民工流动方向多样。正因为河南地处中原腹地，因而交通区位优势明显，是全国承东启西、连南贯北的重要交通枢纽，拥有铁路、公路、航空等相结合的综合交通网络运输体系，对外交通便利、快捷。河南省距中国主要劳动力市场的空间距离均较近，在现代快捷的交通网络下，农民工在全国分布较为广泛，沿海地区、西部地区、周边地区都成为河南省农民工的务工目的地。综上所述，河南省的农民工数量之多和分布之广在中国均具有较强的代表性。

5.2.3 样本概况

本次共调查 437 为受访者，其年龄、性别、婚姻、文化程度、回

流后就业状态、家庭及被抚养人口特点如下。回流务工者主要集中在
劳动能力较强的 21～50 岁，占比为 76.9%。其中 21～40 岁的回流务
工者所占比重为 50.1%，反映了回流的年轻化趋势。回流务工者群体
以男性为主（占比 55.1%），女性所占比例为 44.9%，男女比例大致
相当，差别不是很大。学历以初中为主，占 53.3%，其次为高中和小
学，文盲及大专以上学历者较少。已婚者居多，占比为 88.6%。

　　本次调查的 14 个样本村，按照不同的指标划分，各种类型均有
分布，且相对均衡，基本上放映了河南省各种类型村庄的基本特
点。其中，在地形方面，山区样本村 3 个，丘陵样本村 4 个，平原
样本村 7 个；在城郊区位①方面，近郊区样本村 3 个，中郊区样本村
6 个，远郊区样本村 5 个；在经济发展水平方面，经济发展水平低的
样本村 5 个，水平中等 5 个，水平高 4 个。每个样本村约 25～35 个样
本务工者，务工者的分布在各种类型中也相对均衡，且与地形、城
郊区位经济发展水平等各类特征的空间范围和数量大致匹配。

　　上述样本村分别为：陈庄村（驻马店市泌阳县）、姚庄村（许
昌市襄城县）、邹村（新乡市卫辉市）、阳驿东村（商丘市宁陵
县）、金岸下村（新乡市长垣县）、田堂村（平顶山市汝州市）、奎
文村（南阳市西峡县）、大路王村（许昌市鄢陵县）、刘畈村（信阳
市商城县）、八里庙村（开封市尉氏县）、机房村（焦作市博爱
县）、四合村（郑州市巩义市）、井沟村（洛阳市新安县）、肖庄村
（洛阳市汝阳县）。

---

　　① 城郊区位划分标准："近郊"为距最近县城或城市距离 <10 千米的地区；"中郊"
为 10～30 千米的地区；"远郊"为 >30 千米的地区。经济发展水平划分标准："低"为
低于平均水平的 15%；"中"为平均水平的 ±15% 之间；"高"为高于平均水平的 15%。

5.3 回流区位时空特征

5.3.1 空间特征

5.3.1.1 行政空间特征

回流被定义为务工距离显著缩小现象，一般为呈层次性的减少，如从省外回到省内，从外市回到本市等。回流区位按照行政空间特征，可分为5类：本村、村外乡内、乡外县内、县外市内、市外省内。从表5-1可知，农民工回流区位主要为本村、乡外县内，其次为村外县内。其中，回流至本村者220人，占样本总数的50.34%，回流至乡外县内者107人，占比24.49%，二者合计占比可达74.83%。回流至村外乡内者84人，占比19.22%。上述三项合计占比为94.05%，表明绝大多数回流者均回流到本县内。回流到县外市内者仅15人，回流至市外省内的也仅有11人。因此，回流到本县是农民工回流的基本空间特征，其中又以本村和乡外县内（一般为县城）为主。

表5-1 回流者行政空间分布

回流行政空间	人数（人）	比例（%）	累积比例（%）
本村	220	50.34	50.34
村外乡内	84	19.22	69.56

回流行政空间	人数（人）	比例（%）	累积比例（%）
乡外县内	107	24.49	94.05
县外市内	15	3.43	97.48
市外省内	11	2.52	100.00
小计	437	100.00	—

　　回流至本地的农民工主要来源于外市和外县。从表 5 - 2 可知，回流者中，来源于省外仅 35 例，占总回流者的 8.01%，也就是说，农民工回流中，跨省的回流者并非回流主体。回流者中，来源于外市的 171 人，占比达 39.13%，来自外县的 188 人，占比也达 43.02%，二者合计占比为 82.15%，即回流的主体是在省内外市和外县的务工者。回流者中来自外乡镇和外村的人数也较少。

表 5 - 2　　　　　　　　回流者来源地统计

类型	来源（人）				
	外省	外市	外县	外乡镇	外村
本村	2	100	86	18	14
村外乡内	10	23	40	11	—
乡外县内	9	36	62	—	—
县外市内	3	12	—	—	—
市外省内	11	—	—	—	—
小计	35	171	188	29	14

　　实际上，自 2011 年以后，本地农民工增长速度已经超过外地农民工增长速度，这意味着本地开始成为农民工务工地的重要选项。

从绝对数量上看，近几年全国每年大约近 100 万农民工回流至家乡所在地务工。表 5 - 2 所示的回流者主要来自河南省内外县和外市，也反映了农民工务工区位的变动更多的是在省内地区进行。

5.3.1.2 城乡空间特征

从城乡角度划分，回流区位主要包括城市和农村两类，其中，城市又包括省城、地级市、县城；农村包括乡镇中心地和乡村。从统计结果来看（见表 5 - 3），回流至省城的人数为 0，回流至地级市 11 人，回流至县城 122 人，上述三者合计的城市地区回流总人数 133 人，占回流总数的 30.44%。自改革开放以后，中国农民工流动的总体趋势为乡城流动，因为城市是第二、第三产业集中地，有较多的工作岗位和有较高的薪水。但随着县域经济的发展，这种转移势头在经过 40 年的发展后，趋势变缓，随之农村地区成为农民工重要的务工地选项。从回流者的城乡空间分布上看，农村成为最重要的回流地。据调查统计，回流至乡镇政府所在地 84 人，回流至农村 220 人，二者合计占到回流总数的 69.56%。尽管回流至村庄的回流者中有部分退休和失去劳动能力者，但仍有相当部分回流至农村后仍在从事非农产业和农业产业，此外，乡镇中心地也接纳了不少回流者。综合起来考察，村落附近的县城和小城镇成为农民工回流再就业的主阵地，乡城流动的总趋势虽然没有改变，但强度有较大幅度的下降。

表 5 - 3　　　　　　　回流者的城乡地域类型分布

类型	人数（人）	比例（%）	累积比例（%）
省城	0	0	0
地级市	11	2.52	2.52

类型	人数（人）	比例（%）	累积比例（%）
县城	122	27.92	30.44
乡镇中心地	84	19.22	49.66
农村	220	50.34	100.00

在回流至县外的务工人员中，绝大多数均选择在城市地区就业，其中地级市就业 11 人，县城 15 人，所从事行业也主要为非农产业。这意味着，如果从事农业，只能在本地进行，如果从事非农产业，可以选择在城市地区进行，也可以选择在农村地区进行，即外出务工者主要选择城市从事非农产业，而很少可能选择农村从事农业产业，这是因为从事农业完全可在本地本村进行。

5.3.2　回流时间特征

回流主要发生在最近 5 年内，且呈加剧发展态势。回流与外流是劳动力流动的两种基本形态，一般情况下，当不能取得较高的收入或者找不到工作岗位，农民工就会选择回流，否则就不选择回流。据调查统计，2000 年以前回流人数仅 11 人，占被调查者的 2.5%，2001~2008 年，回流者也较少，8 年间仅回流 23 人，平均每年不到 4 人。大规模的回流开始于 2009 年，2008 年的全球金融风暴，使沿海地区制造业面临重大冲击，由于订单减少，导致大规模的裁员，不少农民工被迫回流。但对于本次调查而言，金融危机后的 2 年内，回流人数并不可观，年均 12.5 人，虽然较 2001~2008 年时间段有大幅度上升，但仍处于较小幅度内。2011 年开始，

情况大有不同，回流人数增加幅度较大，2011～2012 年平均每年
18.5 人，2013～2014 年年均32.5 人，至 2015～2016 年达到最大
值，年均94.5 人，2017 年也达到82 人。总的来看，近 5 年来，回
流趋势加剧，据估计，随着县域经济的持续发展，回流已经成为农
民工务工流动的重要趋势。

5.4　影响因素分析

5.4.1　变量设计

　　农民工回流是伴随农民工流动的一种重要现象，是多种因素综
合作用的结果。从微观角度分析，在本地能否取得农民工自己认可
的工作岗位、工作稳定性和工资收入的多少是决定回流的关键因
素，农民工个体特征和家庭特征影响其自身流动性的大小和对工作
满意度的判断，是回流决策的重要影响因素，原务工状态（如工
种、收入、距离）等是回流决策的基底因素，其与预期务工状态差
异的大小是农民工对比选择的重要依据。村庄作为农民工的流动源
和回流汇，对其收入、家务管理、满意度判断等产生重要作用，直
接影响回流决策的制定。因此，本章基于微观角度，选择个体因
素、家庭因素、村庄因素、务工因素 4 类因素进行分析。而此前关
于农村外出农民工回流决策因素的经验研究，其自变量也关注到了
迁移者年龄、性别、教育程度、婚姻状况、户籍性质、人均耕地面

积、在外流动时间、相对收入水平等因子（胡枫、史宇鹏，2013；丁月牙，2012），此外，家庭特征对于农民工回流的作用也是社会学家和经济学家的兴趣所在（张辉金、萧洪恩，2006；Dustmann，2003）。各类影响因素中，个体因素包括农民工的性别、年龄、婚否、受教育年限因子；家庭因素包含人口抚养比、家庭代数、人口总量、好地数量因子；社区因素包含地形、距城市距离、同村相对水平因子；务工地因素包含务工年限、务工地数量、购房打算、技能因子。这些影响因子的赋值和含义如表 5-4 所示。

表 5-4　　　　　　　　　　　　变量设计

因素	因子	赋值（单位）	说明
个人因素	性别	男性 1，女性 0	被调查者的性别
	年龄	实际值（岁）	被调查者的年龄
	受教育年限	实际值（年）	被调查者的受教育年限
	婚否	已婚 1，未婚 0	被调查者的婚姻状态（已婚、未婚）
务工因素	务工年限	实际值（年）	被调查者开始务工到调查时的务工年限
	务工地数量	实际值（个）	被调查者 10 年来务工地的数量
	购房打算	有 1，无 0	被调查者近期内的购房计划（有、无）
	技能	有 1，无 0	被调查者的技能（有、无）
家庭因素	人口抚养比	实际值	家庭被抚养人口与劳动力人口数之比
	家庭代数	实际值（代或辈）	被调查者家庭的代数
	人口总量	实际值（个）	被调查者家庭的人口总量
	好地数量	实际值（公顷①）	被调查者家庭的好地数量
社区因素	地形	平原 1，丘陵 2，山区 3	被调查者所在村庄的地形
	距城市距离	实际值（千米）	被调查者家庭所在地离县城或最近城市距离
	同村相对水平	差 1，一般 2，好 3	被调查者家庭在经济方面在该村的相对水平

注：①实际数据按 1 亩 = 0.0667 公顷换算。

5.4.2 模型运算

本章采用二元 Logistic 回归模型进行运算和分析。因变量定义为回流区位是否是本地县城，若是，则为 1，否则为 0。分析软件为 SPSS19.0，采用极大似然方法估计模型参数。运算结果如表 5 - 5 所示。经相关性分析，模型各自变量之间不存在高度自相关关系。模型达到显著性水平（Sig. = 0.0000），模型 Pseudo R^2：Cox and Snell 为 0.4378，Nagelkerke 为 0.5312，可以满足分析要求。

表 5 - 5　　　　　　　　模型运算结果

因素	因子	B	标准误差	Wald 统计量	显著性	Exp（B）
个人因素	性别	- 0.384	0.235	2.681	0.102	0.681
	年龄	- 0.017	0.012	1.893	0.169	0.983
	受教育年限	0.139	0.051	7.368	0.007	1.149
	婚否	- 0.173	0.400	0.187	0.666	0.841
务工因素	务工年限	0.028	0.015	3.517	0.061	1.029
	务工地数量	0.045	0.022	4.022	0.045	1.046
	购房打算	0.370	0.290	1.634	0.201	1.448
	技能	0.677	0.229	8.763	0.003	1.968
家庭因素	人口抚养比	0.052	0.114	0.211	0.646	1.054
	家庭代数	- 0.240	0.256	0.874	0.100	0.787
	人口总量	0.042	0.108	0.151	0.697	1.043
	好地数量	0.053	0.042	1.588	0.208	1.055
社区因素	地形	- 0.236	0.295	0.637	0.425	0.790
	距城市距离	0.015	0.007	5.010	0.025	1.015
	同村相对水平	0.519	0.298	3.037	0.081	1.680
常量		- 2.199	1.058	4.319	0.038	0.111

注：因为是社会学研究，显著性水平标准有所放宽至 0.1。

5.4.3　运算结果分析

第一，在个人因素方面，性别、年龄、婚否等因素对回流区位的选择不存在显著的影响，但是受教育年限存在显著的影响。受教育年限因子通过 1% 的显著性检验，且回流系数为正，说明受教育年限越大的农民工越倾向于回流到本地县城进行工作。这种现象说明受教育年限影响着农民工的回流方向。产生这种现象的原因可能有：受教育年限影响农民工对于自身定位和评价，受教育年限大的回流农民工对于自身的价值以及所获得的成就值有较大的期望，更倾向于回流到就业机会多，收益高的地方；在相似的社会背景下，受教育年限大的回流农民工受教育文化熏陶较多，对于文化的追求以及其他方面的追求相较于受教育年限小的回流农民工更高，并且他们的社交圈相较于更广、更深，掌握的生存技能更多，综合素质也较高，在当地找工作时更受青睐。与此同时，当地政府对高学历人才的引进政策助推高学历人才回流，对回乡创业农民工给予引导以及资金支持。除此之外当地政府加大基础设施的建设和财政投入力度，交通运输设施建设，农村、城镇地区道路、水、电、通信等基础设施及其配套设施建设基本完善，这些都吸引了高中以上学历的农民工回流到当地，外推加内力使得农民工回流到本地县城务工的概率大大加大。总之，无论出于个人需求，还是家庭需要都使得他们更倾向于回流到本地县城务工。

第二，在务工因素方面，技能、务工年限和务工地数量因子达到了显著性水平，且回归系数为正。回归结果表明，相较于没有技能的农民工而言，具备了生存技能的农民工群体，其留在本县进行工作的可能性更大。农民工经历了多年的务工生活之后，技能得到很大的提高和丰富，一些回流人员返回到本地县城，希望凭借自身已掌握的技能继续谋生或者在获得经济效益的同时得到比以往更好的发展。一般情况下，具备技能的回流农民工的综合素质相对于不具备生存技能的农民工更高，当他们回流到当地继续务工时，他们在外务工时所塑造的个人能力往往使得其在当地务工时更加得心应手。在没有其他因素干扰的情况下，一些掌握技能的回流农民工在本地县城务工甚至比回流到外地的发展空间更大，得到的经济收入更高，当本地经济状况发展良好时，这种现象更加明显。务工年限和务工地数量因子与技能因子相关联，务工年限越长、务工地数量越多，其积累的经验和谋生手段和技能水平就越多和越高，表明其人力资本得到进一步的提升，进而导致其在县城务工的可能性增大。

第三，在家庭因素方面，家庭代数通过显著性检验，回归系数为负，家庭代数对农民工回流至县城有显著性的负影响。回归结果说明家庭代数越大回流到本地县城务工的可能性就越小，家庭代数越小回流到本地县城务工的可能性就越大。这是由于家庭代数越大承担的家庭责任就越小，而家庭代数越小的农民工承担的家庭责任就越大。家庭代数越大的家庭可以互相分担家庭的压力，农民工照顾家庭和处理家庭以及个人事务的负担就较小，从而可以选择长时间在收入较高，就业机会较多的城市务工，因而家庭负担越小的农民工回流到外地务工的可能性就越大，当家乡经济发展较滞后于临近城市时这种现象会更加突出；对于家庭代数小的农民工，要承担较多的家庭责任，尤其是有孩子或有老人要赡养的农民工，家庭负担较重，因此回流到本地县城务工的概率较大。

第四，在社区因素中，距城市距离、同村相对水平分别在 5% 和 10% 水平上通过显著性检验，且回归系数均为正。距离县城距离和最近城市距离越远，其留在本地县城务工的可能性就越大，究其原因，距离县城较远的村，务工期间返乡途中花费的时间较多，周折也较多，出于家庭需要有倾向回流到本地县城继续务工，当地经济发展状况较好时这种现象更加明显，回流的农民工有获得经济收入来贴补家用的同时与家人相伴的精神需求。同村相对水平越好回流到本地县城务工的概率越大。在农村相对较不发达的社会，同村相对水平好的，一般身份地位、权势都相对同村相对水平差的高些，并且工作能力也较强，有较多的社会资源，就业道路也更广。与此同时，同村相对水平好的回流农民工往往更倾向于在经济、教育、文化等基础设施都优于一些农村和小乡镇的城市务工，当地县城经济较发达时这种现象更加明显，尤其对于一些孩子在当地县城求学的同村相对水平好的回流农民工，他们有较多的财力资本在当地从事商业活动，相对回流到外地而言，在回流到当地务工幸福指数大大提高，这都使得回流的农民工趋于回流到本地县城务工。在本模型中的地形因子上，山地、丘陵分别以平原为参照进行回归分析，回归结果表明地形未通过显著性检验，说明地形对农民工回流区位的影响较小。其原因是，近年来国家大力发展基础设施，交通设施基本完善，大大缩短了农民工来往两地之间的时间距离和空间距离，乘车期间安全系数比以往得到了很大的提高，乘坐交通工具方便实惠，且国家近年来制定并实施的一些扶贫政策帮助农民工脱贫等，这些因素使得地形对农民工回流区位不产生显著性的影响。

5.5 结论与讨论

农民工回流是中国劳动力流动的重要趋势，回流区位决定了回流的方向，影响着定居地的选择，认识回流的区位规律，对于乡村振兴和城乡协调发展具有重要价值。本章基于第一手田野调查数据，采用统计分析和二元 Logistic 分析方法，对回流区位特征和影响区位选址的因素进行了分析，可得到以下结论。

第一，回流到本县是农民工回流的基本空间特征，其中又以本村和乡外县内为主，而回流前主要在外市和外县务工。村落附近的县城和小城镇成为农民工回流再就业的主阵地，乡城流动的总趋势虽然没有改变，但强度有较大幅度的下降。回流至县外者主要选择城市从事非农产业，而很少可能选择农村从事农业产业。回流的主诉原因主要是照顾家庭，其次是年龄大了、找工作难、工资低和消费高、身体不好、健康状况差等，此外，家乡就业待遇不错也具有一定影响。外地的推力和本地的拉力共同作用于农民工，最终形成回流格局。

第二，回流主要发生在最近 5 年内，且呈加剧发展态势。回流与外流是劳动力流动的两种基本形态，一般情况下，当不能取得较高的收入或者找不到工作岗位，农民工就会选择回流，否则就不选择回流。可以预见的是，随着县域经济的持续发展，未来回流趋势仍将加强。

第三，受教育年限、技能、务工年限、务工地数量、家庭代数、

距城市距离、同村相对水平 7 个因子在是否回流至县城的回归模型
中达到了显著性水平。除家庭代数系数为负外，其余系数均为正。
表明受教育年限较多者、拥有技能者、务工年限较长者、务工地数
量较多者、家庭代数较小者、距城市距离较大者、同村相对水平较
高者回流至县城的可能性较大。说明经验丰富、人力资本有一定积
累者回流至县城的概率较大，家庭负担较大者选择本地县城的概率
也较大。由于村庄经济发展水平不高和随着交通条件的改善，距县
城较远者，回流至县城概率较大。就业并取得收入、照顾家庭是农
民工回流区位选择的主要机制。

　　农民工回流是中国波澜壮阔劳动力流动中的重要趋势，回流区
位又是回流决策的基本问题，开展相关研究显然具有重要的现实意
义和理论意义，但目前研究成果并不丰富。本章基于田野调查的第
一手数据，对农民工回流区位进行了较为深入的研究，但由于研究
样本数量较少的限制，本研究结论也仅适用于样本地区，是否对其
他地区或类似地区适合，还有待于进一步的研究。

第 6 章

农民工回流区位研究

——以河南省 35 个村为例

6.1 研究区域选择、数据来源与研究方法

6.1.1 研究区域选择

本章以河南省作为案例区进行研究。河南位于黄河中下游，地处中原，是中原城市群所在区域。截至 2018 年，河南省人口9605 万人，居全国第三位，城镇人口比重51.71%，城镇化率低于全国的平均水平59.58%。河南省是农业和人口大省，在区域职能方面也是承担着粮食供给及交通职能，经济相对落后。由于众多的人口和相对落后的经济，大量劳动力连年外出务工，河南省成为人口最多的劳动力输出地之一。因地处中原腹地，交通四通八达，是重要的交通枢纽和中转地，劳动力也遍及世界各地。务工人数众

多，务工源地多样，务工范围广大，以河南省为研究样本，能具有很好的代表性。近年来，随着河南省信息、交通、物流等新兴产业和高科技产业的发展带动、经济总量的增加、政府优惠政策的实施等，导致工作岗位增加，使一部分原本外出务工的农民工回流到本省进行务工或者创业。河南省由之前的劳务输出大省转为劳动力回流大省，显现劳动力回流趋势，特别是在2011年省内务工人数增速超过跨省流动的农民工，此后几年河南省劳动力继续高速回流。

6.1.2　数据来源与处理

本章所用的数据来源于研究者对回流农民工所进行的实地调查。调查方式为农民工问卷调查和深度访谈。调查时间是2019年春节期间，大量农民工返乡与家人团圆庆祝春节。调查员为我校研究生及本科学生，在调查前对问卷内容进行熟悉并进行严格的培训，共计48人。调查内容主要涉及对村回流农民工个人概况、家庭概况、目前务工或非务工状况、回流返乡原因、居住和购房情况、回流务工的地点变迁等内容，对回流务工的农民工主要调查务工者本人概况、家庭概况、回流前的务工情况、目前居住和购房情况等内容。调查范围是河南省，包括16个地级市，2个县级市，29个县，4个区，共35个村，考虑到了地形、离乡政府、县城距离等因素，调查村基本上涵盖了河南省的范围，问卷数据具有代表性。对调查后的结果进行收集和整理，对无效问卷剔除后，最终形成约997份回流样本，其中务工样本623份。

上述35个村包括：八里庙村（开封市）、白楼村（周口市）、陈村（三门峡市）、陈庄村（驻马店市）、程庄村（商丘市）、大路王村（许昌市）、东周村（洛阳市）、范里村（三门峡市）、郜村（新乡市）、郭集村（信阳市）、贾庄村（漯河市）、焦行村（鹤壁市）、金岸下村（新乡市）、井沟村（洛阳市）、奎文村（南阳市）、老唐庄（周口市）、老庄村（商丘市）、刘畈村（信阳市）、罗岗村（南阳市）、马庄村（焦作市）、南丰村（洛阳市）、南旺村（濮阳市）、舜帝庙村（洛阳市）、宋圪当村（新乡市）、汤庄村（开封市）、田堂村（平顶山市）、西南庄村（安阳市）、肖庄村（洛阳市）、小五村（南阳市）、小庄村（周口市）、刑桥村（驻马店市）、薛庄村（南阳市）、阳驿东村（商丘市）、周庄村（平顶山市）、姚庄村（许昌市）、

6.1.3 研究方法

本章主要采用文献研究方法、社会调查法、统计分析与数学建模、实证分析等方法进行研究。

6.1.3.1 文献研究法

本章通过大量阅读文献和书籍，从中国知网、百度学术、谷粉学术等平台上下载国内国外的关于回流方面的文献进行研读和分类，收集了2009～2019年以来的农民工监测调查报告及河南省统计年鉴。借助相关学科的理论观点，主要是经济学、人口学、社会学、管理学等，结合相关书籍、期刊和文献，从而全面掌握关于农民工回流的国际动态和研究进展，以期从中获取有益的经验，为后续写作打下坚实的基础。

6.1.3.2　社会调查法

本章主要是作者参与的田野入户调查，采用问卷和访谈相结合，进行实地考察，并事先对调研员进行培训，以提高所获得调研数据的准确性和真实性。社会调查是最能接触到研究对象的方式。为了保证样本具有代表性和真实性、数据的易获取性，采用分层抽样、定额抽样和随机抽样相结合，逐村逐街道逐户进行调查，最后对调查问卷进行收集、整理和剔除，最终形成约997份回流样本。

6.1.3.3　统计分析与数学建模

利用 Excel、SPSS 等工具对农民工回流的现状和特征进行统计分析，具体包括描述性统计分析、交叉表分析等。分析农民工回流区位选择的影响因素时采用无序多元 Logistic 回归模型，预测在不同的自变量情况下，发生某种情况的概率有多大。

无序多元 Logistic 回归模型采用的是广义的 Logistic 模型，是用因变量的各个水平与参照水平比值的自然对数来建立模型方程，当水平数为 2 时，该模型等价于二元 Logistic 回归，因此该模型可以看作是二元 Logistic 回归模型的扩展。

若以概率函数 $f(P)$ 为因变量，与自变量 X_1, X_2, $\cdots$, X_m 建立广义的多元线性回归模型。

$$f(P) = \ln(P/(1-P)) = \beta_0 + \beta_1 X_1 + \beta_2 X_2 + \cdots + \beta_m X_m \quad (6.1)$$

如果概率 P 值变大，则 $P/(1-P)$ 值变大，于是 $f(P) = \ln(P/(1-P))$ 值也变大。

其中 β_0 是常数项或截距项，$\beta_1 X_1 + \beta_2 X_2 + \cdots + \beta_m X_m$ 为偏回归系数或模型参数。

6.1.3.4　实证分析法

实证分析是研究现实经济地理现象的一种有效手段。通过对具

体案例的剖析，可深入了解经济地理现象的特征和内部联系。实证
分析是完全基于现实的分析，从具体的事实中提出假说、验证假
说，从而发现规律和建立理论。在操作层面上，实证分析也比较容
易进行。本章通过对 35 个典型样本村的分析，比较微观的研究了回
流务工区位的选择规律和影响因素，对影响因素的选择基于相关理
论和前人研究，接着进行模型建构、参数估计、模型检验、模型修
正、模型运用等结果分析。

6.2　研究样本描述性统计

　　本次调查的范围包括河南省 16 个地级市，涉及 35 个样本村，
29 个县，2 个县级市，4 个区。按照地形、距离和经济发展程度等
指标，根据随机抽样和分层抽样相结合，对各个类型的村庄均有涉
及，基本上能涵盖河南省村庄的特点，样本具有代表性和广泛性。
在地形上，平原 24 个，丘陵 7 个，山区 4 个。由于河南省地貌较为
复杂，平原面积占 55.7%，山地和丘陵占 44.3%，平原面积广大超
过 1/2（张光业，1964）。平原地形平坦开阔，交通便利，利于发展
农业，更容易形成集聚型村落，因此选取的平原类型村庄较多。在
距离方面，根据村距最近县城的距离（小于 15 千米为近郊，15～25
千米为中郊，大于 25 千米为远郊），近郊村 13 个，中郊村 13 个，远
郊村 9 个。在村庄经济发展程度上，根据村农民人均纯收入，将低
于平均收入 30% 的划为低收入水平，高于平均收入水平的 30% 划为
高收入水平，低水平村占总体收入水平的 48.5%，中水平村和高水

平村分别为 38.3% 、13.1% 。农民人均收入以中低收入为主，低收
入水平将近占到一半。每个样本村约有 20～40 个务工者，共形成
997 份回流样本。

6.2.1　回流农民工的人口学特征

6.2.1.1　性别与婚姻状况

已婚的男性是回流者的主要群体。本次调查的 997 份样本中，
男性 634 人，女性 363 人，男性占据整个样本的 63.6% ，务工者以
男性为主。这也与男性是家庭的支柱，主要靠外出务工以获得高收
入，女性职责多兼顾家庭，照顾老人和养育子女的传统分工相一
致。回流者中，未婚者 140 人，占比 14% ，已婚者（包括离异）
857 人，占比 86% ，总体上以已婚者为主。结合年龄分析可知，年
龄在 20～40 岁 77.3% 回流者属于已婚状况，在 40～60 岁年龄段这
一现象更为明显，占比高达 99.3% ，回流者多是已婚的青壮年（见
图 6 -1）。青壮年在外出务工和平衡家庭之间，随着年龄的增长
而做出相应的调整。从年龄和是否务工交叉表中可以看出，年龄
在 20～40 岁 67% 的回流者回流后选择继续务工，年龄段在 40～60
岁有 62.5% 的回流者会从事务工，60 岁以上的回流者有 69.4% 选
择不再继续务工。年龄越大，随着身体素质下降，难以承受务工所
需的高强度工作，越倾向于回归家庭。与之相反，年纪越小在回流
后仍会选择务工，主要与自身承担的赡养老人和养育子女的家庭责
任有关。一般来说，年轻人更具有冒险和拼搏精神，务工相比务农
有更高的经济收入和期望效益，在家庭与务工之间，更倾向于牺牲

家庭，达到家庭收益最大化。

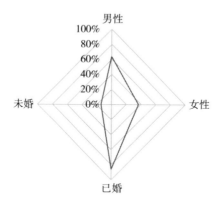

图 6 - 1　回流农民工的性别及婚姻状况

6. 2. 1. 2　年龄

　　如图 6 - 2 所示，从年龄上看，回流年龄段集中在 20 ~ 60 岁，回流人口呈现年龄偏大的趋势。20 岁以下 19 人，21 ~ 40 岁 526 人，41 ~ 60 岁 416 人，60 岁以上 36 人，四个年龄段的农民工所占比重分别为 2%、52.7%、41.7%、3.6%。回流者最小为 17 岁，平均务工年龄为 40 岁。一半以上的务工者年龄在 20 ~ 40 岁，回流者以青壮年居多。近些年来，伴随着小城镇发展和新农村建设，以及政府提供贷款便利，国家鼓励返乡者创业等优惠政策，吸引大批青壮年返乡务工和创业。回流务工者年龄集中在 20 ~ 60 岁，占据整个回流样本的 94.4%，其中年龄段在 41 ~ 60 岁占比高达 41.7%，回流年龄呈现偏大趋势。年龄越大越倾向于回流主要与个人情感、社会福利、文化融入等因素有关。思想上受传统文化落叶归根的影响，务工者的思乡念家情感强烈，再加上在外漂泊不定，居无定所，社会关系网络断裂，情感孤独，渴望归家。社会福利层面上，一方面大城市房价高落户困难，子女教育难以解决，医疗和社会保障难以享有和城市市民的同等福利；另一方面回流后可以结束长期在外务工与家庭的分离，弥补对子女的关爱和陪伴，年纪越大越享受阖家团圆的情感。二者产生比较心理后会更容易返乡。文化层面上，农民工普遍为初中学历，文化程度不高，难以融入城市文化，还可能会遭到歧视和排外，从而对大城市产生抵触心理，长期的负面情绪积累以及年龄优势不再，回流的动机就越强烈。

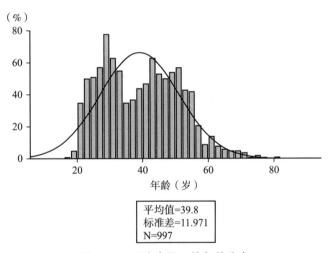

图 6－2 回流农民工的年龄分布

6.2.1.3 受教育年限和水平

回流者平均受教育年限为 8.7 年，即初中文化水平，文化程度普遍不高。本次调查的 997 份样本中，最高学历为本科，受教育年限为 15 年，最低学历为文盲，受教育年限为 0。如表 6－1 所示，文盲共有 11 人，占比 1.1%。小学学历 159 人，所占比例为 15.9%，48.4%

的人受教育年限为 8 年，即将近一半的回流者学历在初中水平。高中和中专学历分别有 209 人和 81 人，占比分别为 21% 和 8.1%。大专学历 54 人，教育年限为 14 年，占比为 5.4%。回流者主要以高中学历及其以下学历为主，其中初中学历人数最多，高中学历次之，小学学历排第三位，三者共占据整个样本的 85.4%。通过性别和教育年限的交叉分析可知，拥有小学和初中学历的男性约是女性的 2 倍。小学学历中，女性 50 人、男性 109 人，中学学历中女性 167、男性 316 人，小学和初中学历的女性占女性样本的 59.7%，拥有同等学历的男性占男性样本 67%，外出务工的男性学历水平明显高于女性，体现我国农村重男轻女的思想。我国农村地区教育资源相对落后，虽然国家于 1986 年普及九年义务教育，但仍有部分适龄儿童因为家庭不重视教育或者生活困难而早早辍学外出务工，因此，国家的教育资源及相关政策依然要向农村地区倾斜。

表 6-1   回流农民工学历和受教育年限

学历（受教育年限）	例数（人）	百分比（%）	有效的百分比（%）	累计百分比（%）
文盲（0 年）	11	1.2	1.2	1.2
小学（5 年）	159	15.9	15.9	17.1
初中（8 年）	483	48.4	48.4	65.5
高中（11 年）	209	21.0	21.0	86.5
中专（12 年）	81	8.1	8.1	94.6
大专（14 年）	54	5.4	5.4	100.0
总计	997	100.0	100.0	

6.2.2 回流农民工的家庭情况

6.2.2.1 家庭成员状况

如表6-2所示,回流样本中,主要以2代或者3代人组成的五口之家为主。从家庭规模上看,家庭人口数最多的是12人,可能为联合家庭,最少的是1人,平均为5口人。在家庭代际关系中,代数最大有4代人,即四世同堂,最小为1代人,为丁克家庭,这两种家庭的占比都非常小,分别为4.2%和1.9%,其中丁克家庭包括刚结婚的年轻夫妇暂时处于非生育状态。总之,丁克家庭在整个样本中占比最小,可见农村地区比较重视生育,每个家庭至少都有1个孩子。平均代数为2~3代人,其中2代人占比46.2%,3代人占比47.6%,合计达到93.8%,多是以2个或者3个小孩为主的核心家庭,或者有一两个老人或孩子的主干家庭。

表6-2　　　　　　　　农民工家庭基本情况

分类	人口总量(人)	几代人(代)	劳动力数(个)	幼儿数量(个)	中小学生数量单位(个)	大中专学生数量(个)	老人数量单位(个)	抚养比	被扶养人口(个)
平均数	5.02	2.54	2.89	0.62	0.73	0.26	0.62	0.91	2.22
标准误	0.05	0.02	0.03	0.02	0.03	0.02	0.03	0.02	0.05
中位数	5	3	3	0	1	0	0	0.75	2
最小值	1	1	1	0	0	0	0	0	0
最大值	12	4	6	4	3	3	4	3	8

从需要抚养的人口数上看,幼儿、中小学生、老人主要是家庭的被扶养对象。从类别上看,大多数家庭中都需抚养1个幼儿、1个中小学生、两位老人。所调查样本中,幼儿、中小学生、大中专

学生、老人分别有 468 人、541 人、218 人、376 人，中小学生的数量略高于幼儿和老人，幼儿、老人和中小学生是家庭的主要抚养对象。从纵向层级上来看，有 1 个幼儿占整个家庭总数的 33%，2 个幼儿数量占比为 13%，3 个及以上幼儿数量为 0.9%，多数家庭主要抚养 1 个幼儿。经济的高速发展、人们生活水平的提高、开放的生育观念及我国长期实行计划生育的基本国策等，导致家庭中婴幼儿数量并不高。从中小学生数量上看，有 1 个中小学生的家庭占 36.7%，2 个中小学生占比为 16.1%，二者合计达 52.8%，多数家庭主要抚养 1 个中小学生。大中专学生数量中，18.2% 的家庭都只有 1 个大中专学生，2 个大中专学生家庭占比为 3.5%，3 个大中专学生数量为 0.2，78.1% 的家庭中没有大中专学生，这可能与农村较为落后的教育设施和教育观念相关。大多数孩子在实行强制的九年义务制教育后，由于成绩不理想无法升学或者家庭困难被迫辍学等原因，导致家庭中的大中专学生数量较少。在老人数量中，有 1 个老人占整个家庭的 15%，2 个老人占比为 21.6%，3 个及以上的老人家庭占比为 1.1%，一般家庭需要抚养 2 个老人。

从劳动力数量和抚养比上看，家庭平均劳动力数量为 2.89，即平均每个家庭拥有 2~3 个劳动力。有 2 个劳动力数量的家庭占比达到 41.6%，有 3 个和 4 个劳动力数量的家庭均为 24.8%，绝大多数家庭有两个劳动力。平均被扶养人口数为 2.22，有 2 人需要抚养的家庭所占比例最高，为 30.3%，其次为只需要抚养 1 人的家庭为 21.6%，还有 10.7% 的家庭没有被扶养人口数。平均抚养比为 0.91，分开来看，少儿抚养比为 0.53，老人抚养比为 0.27，少儿抚养比高于老人抚养比，家庭负担主要还是来自养育孩子的压力。

6.2.2.2　耕地面积

河南省地形地貌类型复杂多样，各个村庄所处的位置也是千差万别，每个家庭所拥有的田地数量的好坏程度也是影响农民工是否外出的关键因素之一。如表6-3所示，从拥有好地数量上看，平均为0.25公顷（3.74亩），农户最少的只有0.01公顷（0.2亩），最多的可以达到1公顷（15亩），是最少的75倍，0.13公顷（2亩）以下为36.8%，0.13~0.27公顷（2~4亩）为34.4%，0.27~0.4公顷（4~6亩）为16.2%，0.4~0.53公顷（6~8亩）为6.9%，0.53公顷（8亩）以上为5.6%，不同家庭之间拥有好地数量差距较大。从地形和好地数量的关系上看，位于平原地区好地数量优于丘陵，丘陵优于山地。平原地区地形平坦开阔，适宜种植水稻、小麦等粮食作物，是我国主要粮仓的分布地区。

表6-3　　　　　　　　　　地形与好地数量交叉关系

地形	0.13公顷以下	0.13~0.27公顷	0.27~0.4公顷	0.4~0.53公顷	0.53公顷以上	总计
平原	206	257	124	55	41	683
丘陵	115	47	22	10	9	203
山地	46	39	16	4	6	111
总计	367	343	162	69	56	997

6.3　农民工回流及区位特征

6.3.1　回流特征

回流涉及跨区域流动前、打工过程中、回流三个时段，是一个较长时段，一个完整的过程。外出务工与回流是相生相伴的过程，回流的研究离不开对务工经历的探索，二者不可分割。回流者是从哪里回流的？回流前务工时间有多久？回流前从事什么工作？回流后的农民工群体特征等都是需要我们关注的问题。回流距离、回流前务工地点、开始务工及回流年限、职业特征等对回流都产生着积极或消极的影响。

6.3.1.1 回流距离

除去 4 例国外务工者，平均务工距离 891 千米，务工距离较远。近一半务工者务工距离在 900 千米以内，87% 的务工者务工距离在 1600 千米以内，务工最远地点在新疆，最近距离为家附近处的 20 千米。

务工距离呈现整体分散，小范围集中的特点。从图 6 - 3 上看，务工距离小范围内有 4 次集聚，第一个高峰点为距家 100 千米左右，在家附近务工，是一些务工者在权衡家庭和外出务工的最优结果。务工者在省域范围内流动，务工地点主要是省会城市郑州。一方面，郑州作为中原城市群的核心城市，制造业和服务业发达，就业岗位多，工资较高等优势吸引大批劳动力。另一方面，距离家近，能节省迁移费用，同时，农忙时节可返回家里作为劳动力减轻农活负担。在务工和家庭之间平衡，郑州是最合适的务工地点。

第二个高峰点在 500 千米左右，务工地点主要是国家首都北京。北京作为国家的经济、政治、文化、科技、信息中心，具有无可替代的位置优势和集群效应优势，既有房地产、饭店、商业等传统服务业，也有金融服务、研发与技术等知识密集型产业。劳动力需求巨大，市场广阔，蕴藏着多种可能性和机遇。

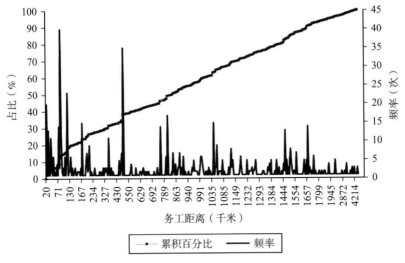

图 6 - 3　务工距离累计百分比和频率

　　第三次高峰集聚范围在 700～1000 千米，务工地点主要是长三角城市群，江苏、浙江、上海等经济发达的地区。长三角城市群区位条件优越，地处东南沿海和长江流域结合部，连接南北，贯通东西，发达的立体交通网和港口集群，经济腹地广阔。具有资源禀赋优势，农业发展条件好，发达的制造业和高科技产业，经济基础雄厚，是我国最具有竞争力优势的城市群之一，吸引大量劳动力。

　　第四次高峰点在 1500～1700 千米，务工地点主要是广东。广东地处太平洋，面向东南亚，背靠内陆，是我国最早开放的地区之一，具有地缘优势和先发优势，经济率先发展。广东的电子信息、电气机械、石油化工、纺织服装等行业在全国乃至全球都具有一定的竞争优势，各式各样的行业为务工者提供了多种可能性。

　　总体来看，农民工大多在省外务工，平均务工距离较远，务工地点主要是省会城市、首都、长三角城市群、珠三角城市群等经济发达地区，务工目的主要是追求高工资，迁移费用、迁移距离、家庭因素等都处于次要地位。

6.3.1.2 回流前务工地点

从行政区划上看，回流前务工地主要集中在本省和东部比较发达省份的省会城市及其附近。从省级尺度上看，主要集中在河南、广东、江苏、浙江、北京、上海、新疆、河北、山东、山西等地区。河南和广东两省务工占比41.5%，河南、广东、江苏、浙江四省务工占比高达62%。从市级尺度来看，主要集中在本省省会城市和沿海发达省份的省会及其省会附近。河南省的郑州、洛阳、新乡、南阳、平顶山，广东省的广州、东莞、深圳，江苏省的南京和苏州，浙江省的杭州、温州、金华等是主要的回流城市。

从地区划分看，回流者主要是从东部和中部地区回流，西部地区回流者较少。东部地区回流557人，占比56.1%，中部地区回流370人，占样本总量37.3%，西部地区回流最少，仅有6.6%。东部地区依靠优越的地理位置、雄厚的自然基础、优惠的国家政策等优势率先实现经济腾飞，拉开与中西部的差距。超一半的务工者是从东部地区回流，尽管东部地区距离远，需要花费高昂的迁移费用，但相比其较高的工资收益是可以接受的。中部地区虽然距家近，但制造业、服务业等产业较东部落后，工资水平不高，经济发展活力不够，提供就业岗位有限，导致中部地区并不是务工者的首选地。西部地区地广人稀，自然条件恶劣，基础设施落后，生产水平低下，一直是三大地带中经济最落后的地区，从西部回流人数最少。为了缩小东西部差距，国家实施西部大开发政策，西部地区开始崛起。新疆、陕西、甘肃等是西部地区主要的务工地，占西部地区总量的 78.5%，其中，新疆是最重要的务工地。

从城市群上看，珠三角城市群、长三角城市群、京津冀城市群、中原城市群是回流前的主要务工地，四个城市群分别占比为 12%、20%、11% 和 30%，即 73% 的回流者是从这 4 个城市群回流的。其中，中原城市群占地范围广，涵盖 30 座地级市，距离务工者家乡最近，因此从中原城市群回流的人数也是最多的。长三角城市群覆盖 26 座地级市，经济实力雄厚，是最具有竞争力的城市群之一。京津冀城市群和珠三角城市群是我国主要的城市群，制造业和服务业发达，综合竞争力较强。总体上看，外出务工人数与距离是符合地理学第一定律的，距离越远，受到社会关系、环境、信息、迁移费用等阻隔，吸引力就越低，外出务工人数就越少。

6.3.1.3　农民工开始务工及回流年份

随着沿海经济特区和沿海开放城市的设立，经济活力增强，外出务工人数逐渐增多。而在改革开放前，我国以传统农业为主，农民被束缚在土地上，因此 1986 年以前外出务工比例较低，只有 5.32%。改革开放后，实行家庭联产承包责任制解放了农民的双手，释放更多的劳动力，满足了开放特区承接发达国家的产业转移对大量的劳动力的需求，吸引劳动力外出务工，农民工开始往外流动。从图 6-4 中可知，农民工第一次外出时间段集中在 1996～2015 年，开始务工年份在该段时间占整个样本的 78.64%，20 年间样本中的 784 人都选择在该时间段外出务工。随着社会主义市场经济体制的确立，沿江开放城市、自由贸易区、航空港示范区的建立，开放的范围越来越大，改革开放带来的经济效益惠及更多的农民工，农民工纷纷探求外出务工，实现家庭利益最大化。

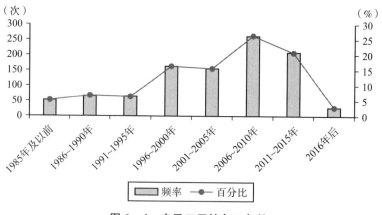

图 6 - 4　农民工开始务工年份

2000 年后，回流人口逐年增多，特别是 2010 年后呈现波动上升的态势。2000 年以前，主要以外出务工为主，只有极少数农民工由于个人或者家庭原因而被迫回流，占比为 1.8%，回流人数较少。如图 6 - 5 所示，2000 年迎来回流的第一个高潮点，主要与国有企业改革，淘汰并关闭部分企业，导致城镇职工失业率激增，从而采取一系列措施限制农民工进城缓解城镇就业压力有关。第二次回流高潮主要发生在 2008 年后，受国际金融危机的影响，国际经济不景气，沿海产业尤其是劳动密集型和服务型产业减产或倒闭，导致用工量明显减少，大量农民工被迫返乡。从回流时间段可以看出，2000～2005 年回流人数占比为 4.6%，2006～2010 年为 12.1%，2011～2015 年为 39.5%，2015 年后回流人数占比为 41.5%。近年来，回流人数大幅度提升，一方面主要是沿海企业转型升级，由劳动密集型逐渐向资金密集型和技术密集型转变，大规模的机械化和自动化的器械投入使用顶替部分农民工的岗位，而农民工主要以初中学历为主，文化素质普遍不高，在企业转型升级中不具备竞争优

势，适应不了岗位需求而选择回流。另一方面，2014 年国家出台
《国家新型城镇化规划（2014－2020）》以及近些年来的"大众创
业，万众创新"等优惠政策，在建设新型城镇化背景下，扶持乡镇
中小企业发展和建设美丽乡村，为返乡农民工在居住地附近提供了
更多的就业岗位，营造了良好的创业氛围。

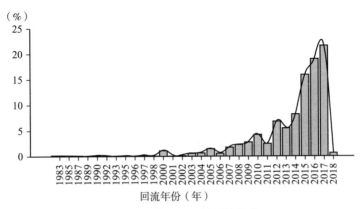

图 6－5　农民工开始回流年份

人口流动本身就是一个规模庞大而复杂的迁移现象，受到劳动
者的个人特征、家庭状况、经济发展、社会政策、文化教育等多方
面的影响。因此，外出务工和回流是相生相伴的过程，是一个长期
存在的过程，二者并不矛盾。

在回流年限中，总体上以近期回流为主，回流时间较短。回流的
平均年限为 4.6 年，中位数为 3 年，众数为 1 年，最小值为 2 个多月，
即刚刚回流，回流的最大年限为 35 年。回流主要以 5 年内回流为主，
回流时间在 0～5 年内有 718 人，占比 72.02%，近 3/4 的回流者回流
时间在 5 年内，这也与前面的开始回流时间相一致（见图 6－6）。

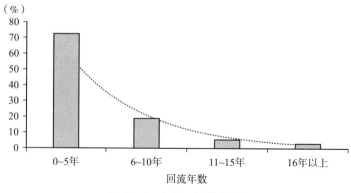

图 6 – 6　农民工回流年数

6.3.1.4　回流农民工类型及群体分化

　　农民工回流的动因大致可以分为两类，主动回流和被动回流。主动回流是农民工在比较收益的基础上，做出利益最大化的选择，某种意义上可以看作是返乡者的成功回流。随着农村经济的发展，城乡相对收入差距缩小，长期务工积累了资本和技术经验，以及更加关注心理、制度、文化层面的精神需求，在衡量收益和成本的基础上而选择主动回流。主动回流的具体原因包括思家、结婚、找到更好的工作和机会、回乡投资、照顾老人和孩子、完成工作等。被动回流是迫于大城市的生活、工作、教育、医疗等外部环境因素所带来的压力，传统制造业的转型升级导致就业岗位与工作能力不匹配，及年龄大而承担不了高负荷的工作强度等原因，具体表现为就业环境差、企业拖欠工资、企业倒闭、工作太脏或太累、年事高等。从样本上看，主动回流人数略高于被动回流，56.3%的务工者属于主动回流，主要是考虑到结婚、照顾老人和孩子等家庭原因，也有一小部分属于回乡创业。43.7%的回流者属于被动回流，主要是年龄太大、回家养病、企业辞退、工作环境差等原因。主动回流可以看作是对农民工的有利回流，一方面，近些年农村经济大力发展，县城和乡镇等发展为该区域内的中心地和增长极，提供大量的就业岗位。另一方面，外出务工积累的金钱和技术，为创业提供了坚实的物质基础，同时国家相关政策的扶持、浓厚的创业氛围等使主动回流的人数越来越多。

关于农民工的职业划分，不同学者有不同的划分方法，没有统一的标准。本章参照前人的研究，将农民工从事的行业大致分为农业、制造加工业、建筑业、交通运输仓储业、批发零售业、住宿餐饮业、社会服务业、其他八类。从图 6 - 7 中可以看出回流前主要以制造加工业和建筑业为主，回流后以社会服务业为主，农业和交通运输仓储业比例也有所增加，由回流前的第二产业转向回流后的第三产业。农民工前往大城市务工时受到文化程度和社会关系等内生因素的影响，低端的加工制造业和依靠体力劳动的建筑业是务工者的主要选择，销售、服务员等简单的社会服务业也是务工者主要从事的行业。回流后，农民工有属于自己的土地，从事农业比例有所上升，同时，依靠血缘关系、熟人介绍等社会关系网络使从事社会服务业和住宿餐饮业成为可能。但是，加工制造业和建筑业仍然占据非常高的比重，二者比例达 40.3%。加工制造业、建筑业、服务业是农民工主要的务工行业。

回流的人群中除了上述八大类职业，还有一部分农民工由于自身身体素质或者家庭原因而不能务工，处于失业状态，该部分占整个样本的 38%。具体来看，年纪过高而自然退休为 3.1%，因照顾家庭而不能务工为 16.2%，回流后没有找到合适的工作占比达到 15.1%，因伤病需要休养为 3.5%，照顾家庭和回乡过渡期的短暂

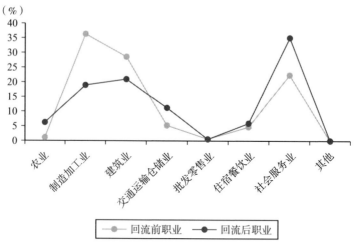

图 6 - 7　农民工回流前后职业对比

失业是非务工的主要原因，二者占整个非务工样本的82.5%。因此，国家和政府应更加关注农村地区的养老问题和幼儿抚养问题，通过增设养老院、儿童教育学习机构等减轻家庭负担，解放劳动力。同时，政府应拓宽就业渠道，及时发布就业信息，一对一进行就业指导和培训，帮助失业农民工再次返岗。

6.3.2　回流区位分布

农民工回流后势必要考虑回流的微观区位，本章根据回流前是否跨省流动及回流后行政区域划来研究回流区位。跨省流动指回流前农民工在除本省外的其他地点务工，跨省流动的农民工返回至本省则属于省外回流。与之相反，回流前在本省务工而后回流至家乡及其附近所在地则属于省内回流。从行政区划上看，回流地可分为中心城区、县城、乡镇、村庄四类。

6.3.2.1 省外回流区位

跨省流动的农民工回流前多选择中心城区务工。根据回流前最近一次务工显示，约 72.2% 的农民工选择在大城市的中心城区务工，而选择外省中心城区务工占 52%，其中，北京、东莞、杭州、广州、深圳、苏州、武汉、上海是回流前主要务工城市。回流前多在外地大城市中心城区务工，平均回流迁徙距离 891 千米，平均务工年限 16 年，平均 10 年来曾去过的务工地点 3.5 个，呈现出务工距离远、务工时间长、务工地点变换频繁的特点。而之所以进行跨省流动，前往北上广深等中心城市务工，与追求高工资密切相关。工资是一个家庭最基本和最重要的收入来源，为了追求更高的期望效益可以容忍距离带来的负面效应。但随着年龄的增加，自身身体素质下降，抚育孩子照顾老人等家庭因素，及很难享受大城市的保障和福利，自身资本、务工技能和经验累积等原因，使农民工开始考虑回流。

省外回流区位由中心城区向县城和村庄扩散，出现分层特征。县城是省外回流者的首选地。省外回流中，回流至县城 197 人，占比 43.5%，回流至村庄 113 人，占比 24.9%，县城和村庄占据整个回流样本 68.4%，因此，县城和村庄是省外回流者的主要回流地。此外，省外回流至中心城区略少于村庄，占比 17.7%，回流至乡镇人数最少。县城作为首选地之一，主要是因为县城作为该区域的一个小中心地，集聚了区域的资源、资金、信息和物流，医疗、卫生、教育、环境、交通等基础设施都相对完善，能满足回流农民工的基本生活需求。同时，县城经济较周边村镇发达，工资较高，二三产业多，能提供大量的就业岗位，回流至县城既兼顾生活的舒适度又能提供就业机会，孩子的教育和家里老人养老都能得到较好的保障。所以，县城是回流农民工最为体面和最为满意的选择。

村庄作为省外回流者的第二偏好，主要是村庄有赖以生存的土地资源。土地关系到每个农民的切身利益，是农民最重要的生产资料，回流后依靠土地可从事种植等基础性的农业生产。同时，依靠外出务工积累的生产经验和丰富的资金资本，在村庄附近可进行小作坊或小规模生产活动，进行生产加工或蔬菜瓜果种植等。家附近务工不仅能缩短务工距离，同时能兼顾家庭和收入，是回流者较为满意的选择。但是，由于村庄并不能提供理想中的高工资，导致回流村庄的人数不如县城多。

省外回流至中心城区和乡镇人数较少，分别占比17.7%和13.9%。中心城区虽然是该区域内经济发展最好的地区，制造业、服务业等产业发达，工资较高，但由于距离较远，回家不便，且农民工文化程度不高及社会关系网络断层等，导致竞争力较大，在中心城区务工相对困难。乡镇既不能提供如县城就业般的高工资，也不具有村庄离家近和依靠土地资源的优势，因此，乡镇成为省外回流人数最少的地区。

6.3.2.2 省内回流区位

省内务工者回流前多在省内城市的中心城区务工（见表6-4和表6-5）。中心城区务工者占省内回流样本的70.2%，郑州、洛阳、平顶山、新乡、南阳等城市是务工者的主要务工地点。郑州作为省会城市和中原城市群的核心城市，米字型网络四通八达，交通便利，具有很强的经济实力。同时汽车及装备制造、电子信息、新材料等制造业和新兴产业发达，工业经济高质量发展。洛阳、南阳工农业基础雄厚，平顶山和新乡实施创新发展和产业结构调整等政策，成为河南省最有竞争力的城市，吸引大批农民工前来就业。因此，绝大部分省内务工者都在中心城区务工。与之相比，县城和乡镇由于基础设施不够完善、工业及服务业落后、岗位需求有限，务工者并不会在县城和乡镇聚集。

表6－4　　　　　　　　　回流前务工区位分布

分类	区位	人数（人）	比例（%）	累计比例（%）
省外回流	中心城区	514	73.0	73.0
	县城	66	9.4	82.4
	乡镇	83	11.8	94.2
	村庄	41	5.8	100.0
	总计	704	100.0	—
省内回流	中心城区	200	70.2	70.2
	县城	44	15.4	85.6
	乡镇	24	8.4	94.0
	村庄	17	6.0	100.0
	总计	285	100.0	—

表6－5　　　　　　　　　回流后务工区位分布

分类	区位	人数（人）	比例（%）	累计比例（%）
省外回流	中心城区	80	17.7	17.7
	县城	197	43.5	61.2
	乡镇	63	13.9	75.1
	村庄	113	24.9	100.0
	总计	453	100.0	—

分类	区位	人数（人）	比例（%）	累计比例（%）
省内回流	中心城区	16	8.8	8.8
	县城	75	41.4	50.2
	乡镇	41	22.7	72.9
	村庄	49	27.1	100.0
	总计	181	100.0	—

省内回流的方向主要从中心城区回流至县城。在调查样本中，回流至县城75人，占整个省内回流样本的41.4%，县城是省内回流者的第一区位。近些年来，随着城乡融合发展，县城的交通、水电、通信等基础设施越来越完善，凭借中心地区的产业转移和自主创业，工业企业及服务业发展得越来越好，县城成为回流农民工的主选地。

省内回流的第二偏好区位是村庄和乡镇。回流村庄有49人，占比27.1%，村庄依然有较高的回流比。回流乡镇有41人，占比22.7%，与省外回流相比，回流至乡镇比例明显上升，上升了8.8个百分点，乡镇是省内回流的重要选择地，体现出回流者的小城镇偏好。省内回流者在回流地选择上不再以高收入作为唯一的标准，更注重家庭因素，因为省内各地区的工资收入差距不算太大。乡镇和村庄具有居住区位优势和较低的门槛，更好的社会融入度和心理适应，对农民工具有较强的吸引力。

省内回流至中心城区人数最少，仅有8.8%的农民工选择中心城区作为回流地。主要是中心城区本就是回流前的主要务工地，而随着中心城区的生活成本上升、距家遥远、就业困难、心理压力大等推力因素，大多数农民工被迫离开中心城区，而只有小部分农民工在中心城区能实现买房，有居住优势，顺利实现市民化。

6.3.2.3　总体回流区位

总体来看，回流以省外回流为主。外省回流 710 人，占样本总量的 71.2%，省内回流人数 287 人，占样本总量 28.8%，省外回流人数远超省内，表明传统的跨省流动模式被打破，由单一的省内向省外流动变为省内外的双向流动。

农民工无论是从省外回流还是省内回流，县城和村庄都是农民工回流区位的首要偏好。在 634 份务工样本中，回流县城 272 人，占 42.9%；回流本村 162 人，约占 25.6%；回流县城和本村的人数占样本总数的 68.5%，县城和村庄聚集了大量的回流农民工。回流至乡镇和中心城区人数相差不大，乡镇 104 人，占比 16.4%，回流中心城区 96 人，占比 15.2%。县城和村庄相比乡镇和中心城区更具有工作、创业及居住优势，回流至县城和村庄的人会更多。

从省内外回流看，回流具有路径依赖性。省外回流区位主要是县城，村庄和中心城区相差不大，最少的是乡镇，而省内回流县城依然是主要区位，但乡镇和村庄的回流规模差不多，人数最少的是中心城区。跨省流动的农民工常年在大中城市务工，已经适应了较高收入的状态，在回流地的选择上，中心城区依然有较高的偏好。省内务工者更加关注家庭和务工距离因素，对于收入的追求成为次要因素，因此，乡镇相比中心城区对省内回流者更具有吸引力。

结合生命周期分析，青壮年劳动力多回流至县城，年龄越大越倾向于回流至村庄。如图 6-8 所示，从年龄和务工类型交叉分析来看，年龄段在 20~40 岁共回流 352 人，其中省外回流者 269 人，占

比 42.4%, 省内回流 83 人, 占比 13.1%。回流至县城有 171 人,
占该年龄段人数 48.6%, 回流至中心城区 53 人、城镇 58 人、村庄
70 人, 分别占比 15.1%、16.5%、19.9%, 回流至县城以青壮年
居多。青壮年承担着上要养老下要育儿的生活重担, 获得经济来源
是青壮年回流后首要考虑的条件。县城具有生活压力小、住房成本
较低和工资高的优势, 成为青壮年最为满意的回流地。在 40~60 岁
的年龄组中, 共有 260 人, 回流至县城 94 人, 占比 36.2%, 回流
至村庄 82 人, 占比 31.5%, 上升了 11.6 个百分点, 回流村庄人数
逐渐增多。60 岁以上约有 72.7% 的农民工回到本村生活, 随着年龄
的增大, 农民工开始倾向回流至村庄, 且年龄越大回流的意愿越
强。一方面, 土地是农民重要的生产资料, 也是重要的经济来源,
年龄越大, 身体状况变差, 生产力下降, 为减轻家庭负担, 依靠土
地生存是回流后的唯一选择。另一方面, 我国长期存在的城乡二元
结构和严苛的户籍管控, 使得在城市化进程中作出重要贡献的农民
工漂泊无依, 缺少归属感, 年老后回归本村能获得落叶归根心灵上
的慰藉。

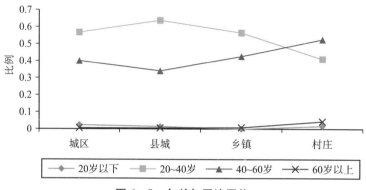

图 6-8　年龄与回流区位

如图 6 – 9 所示，不同学历两极分化的回流趋势明显，学历越高，回流后匹配的地域层级就越高。处于文盲状态的农民工主要回流至乡镇和村庄，无人回流至县城和城区，本科学历主要回流至城区和县城，无人回流至乡镇和村庄。回流至城区主要以中专、大专、本科学历为主，分别占比 21% 、25% 、50% ，回流至县城主要以高中、中专、本科学历为主，分别占比 52% 、46% 、50% ，回流至乡镇以文盲、初中、大专学历为主，分别占比 33% 、17% 、28% ，回流至村庄主要以文盲、小学、初中学历为主，分别占比 67% 、31% 、28% 。

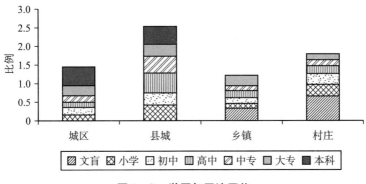

图 6 – 9　学历与回流区位

高学历回流者倾向于回流至城区和县城。初中、高中、大专学历回流至中心城区和县城的比例呈现出不断上升的趋势，占比分别为 54% 、64% 、67% 。外出务工积累的个人财富与资本、务工经验与技能都和学历呈正相关关系，学历越高，其个人综合竞争力越强，在市场中处于有利的竞争地位，社会地位高，个人荣誉感及自尊心强，匹配的地域层级就越高。回流后，中心城区和县城集聚了大量的资金、技术、信息等优势条件，成为高学历回流者的偏好区位。

如表6－6所示，从迁移距离、务工年限、务工地个数与回流地选择上看，回流到县城的农民工平均迁徙距离为953.7千米，而回流到村庄和中心城区的分别为901.7千米和872.9千米，表明随着迁移距离的增加回到县城和村庄的可能性变大。农民工的回流年限和回流地选择的交互分析表明，回流到村庄的务工年限最长为19年，回流到县城的务工年限最短，为13.9年，这可能与农民工的生命周期有关。回流到村庄的多是年龄大务工年限长的农民工，而回流至县城的多是青壮年，累计务工年限较短。从务工地的稳定性上看，回流至中心城区平均务工地点为4.7个，最为频繁更换务工源地，务工地的稳定性较差，而选择回流至乡镇的农民工外出务工地最为稳定。务工地点更换得越频繁，回流至中心城区的可能性就越大，这主要与习惯大城市务工的路径依赖和更换工作地点来获得高收入有关。相反，追求稳定的农民工越有可能回流到乡镇。

表6－6　　迁移距离、务工年限、务工地个数与回流地选择

回流地	平均迁徙距离（千米）	平均务工年限（年）	平均务工地个数（个）
中心城区	872.9	16.5	4.7
县城	953.7	13.9	3.3
乡镇	757.4	15.2	2.3
村	901.7	19	3.3

6.4 农民工回流区位的影响因素分析

6.4.1 影响因素的选择与变量假设

近10年来，农民工回流现象越来越显著，引起社会学、经济学、地理学等学科的学者关注。本章综合前人研究成果，从行为学角度、经济学角度、地理学角度对影响因素进行概括和解释。

行为科学是关于人的行为的研究，以人为出发点，重视人际关系，强调人的需求和人力资源的开发利用。从农民工角度研究，每个个体都具有不同的特征。性别、年龄、婚姻、学历等是最基本的人口学特征，会影响农民工的外出和回流行为。传统观念认为，男性是家庭的支柱，是家庭的主要劳动力，外出务工以男性为主，女性则肩负起照顾家庭的任务。年龄越大，务工年限累计越长，务工地点数量也较多，务工经历也越丰富，积累的资本也越多，这些都影响到是实现就地城镇化还是回流到村庄的行为的选择。基于生命周期理论，婚姻对于女性回流是重要的影响因素，通常适婚的务工女性在婚后会将自己的重心放在家庭上，降低了外出务工的可能性。学历反映的是务工者的文化程度，同时是择业的一个基本的衡量指标，影响着个人的综合竞争力和职业类型的选择，学历越高，在中心城市务工的可能性就越大，越不容易发生回流行为。技能可通过务工禀赋积累，农民工会根据自身的技能优势来选择匹配的地域层级。

家庭经济学认为作出合理的投入与产出的比较决策，以达到家庭资源效用最大化的目的。换句话说，农民工外出务工是在成本—收入基础上，基于家庭效益最大化的决策，不是单纯的个人行为，因此，要考虑其背后的家庭因素。家庭人口数决定了家庭的规模，家庭代数影响着家庭结构，家庭劳动力数量代表着家庭生活周期的生产阶段，家庭的幼儿、学生、老人数量等关系到抚养比，这些都会直接影响着农民工外出或回流行为的发生。

地理学主要研究地理要素的空间分布，地理区位论则关注人们经济活动的微观区位。从地理区位论角度看，村所处地形影响着对外的交通通达度及信息获取的时效性，进而影响农民工的决策行为。居住区位在很大程度上直接影响着农民工基于住房需求而返回至家乡。县城作为县域内最活跃的经济中心，集聚了金融、交通、信息等优势条件，距离县城越近，受到的辐射效应越大。村人均纯收入主要和村庄自身发展水平相关，一般专业村凭借资源禀赋优势，大力发展特色产业推动全村经济的发展，促进就业，提高收入，逐步吸引外出务工人员返乡。村务工人数和回流人数直接关系到务工比和回流比，回流人数形成一定的规模后，基于盲从和跟风心理，可能会出现模仿行为。

回流是关乎外出务工及返回的一个完整的过程，是务工源地的推力和回流地拉力双重因素作用的结果。回流前的务工地类型、务工地距离、务工年限、务工地个数、职业类型都是导致回流的基底因素。跨省流动的农民工，回流前务工地多在大城市，其回流后基于路径依赖和心理习惯会偏向于层级高的地域。务工距离远，交通不便，导致迁移成本高，回家次数就越稀少，不利于家庭和谐和团聚，回流后将更好地解决家庭和务工之间的平衡。务工年限、回流年限及务工地个数关乎农民工务工的稳定性。职业类型和收入息息相关，基于期望效益和职业满意度的评价，影响着回流后职业类型的地域选择。

综上所述，将影响农民工回流区位的影响因素归纳为个人因素、家庭因素、社区因素、务工因素四个方面（见表 6 - 7）。

表 6 - 7　　　　　　　　　　　　变量设计

因素	因子	赋值（单位）	说明
个人因素	性别	男 1，女 0	二元变量，受访者性别
	年龄	实际值（岁）	受访者年龄
	学历	实际值（年）	受访者受教育年限
	婚姻	已婚 1，未婚 0	二元变量，离异属于已婚
	技能	有 1，无 0	二元变量，受访者是否拥有技能
家庭因素	家庭人口数	实际值（人）	家庭实际人口数
	家庭代数	实际值（代）	家庭代际数
	家庭拥有好地数量	实际值（公顷①）	家庭拥有好地数
	家庭劳动力数量	实际值（人）	家庭劳动力人数
	家庭幼儿数量	实际值（人）	家庭幼儿人数（7 岁及以下）
	家庭中小学生数量	实际值（人）	家庭中小学生人数
	家庭大中专学生数量	实际值（人）	家庭大中专学生人数
	家庭老人数量	实际值（人）	家庭老人数量（60 岁及以上）
	家庭需扶养人口数	实际值（人）	家庭需要抚养人数

因素	因子	赋值（单位）	说明
社区因素	村地形	丘陵1，山区2，平原3	多元变量，受访村所处地形
	居住区位	农村1，其他0	多元变量，受访者目前居住区位
	本村经济地位	差1，中等2，好3	多元变量，受访者自评在村中经济地位
	村务工比	比值	调查年份村务工人数除以村总人数
	村务工人数	实际值（人）	受访村外出务工的人数
	村回流比	比值	调查年份村回流人数除以务工人数
务工因素	回流前务工地类型	中心城区1，县城2，乡镇3，村4	多元变量，受访者回流前务工地类型
	回流前务工地距离	实际值（千米）	以地级市铁路距离代表，没有铁路的以公路距离或者铁路加公路距离
	回流前务工年限	实际值（年）	回流前务工累计年限
	回流前职业类型	农业1，制造加工业2，建筑业3，交通运输仓储业4，批发零售业5，住宿餐饮业6，社会服务业7，其他8	多元变量，回流前职业类型分类
	回流前务工地个数	实际值（个）	近10年来务工者更换务工地点的个数
	回流年限	实际值（年）	回流后距调查年份的回流时长
	回流源地	省内0，省外1	二元变量，回流前是否在外省务工
	回流后职业类型	农业1，制造加工业2，建筑业3，交通运输仓储业4，批发零售业5，住宿餐饮业6，社会服务业7，其他8	多元变量，回流后职业类型分类

注：①实际数据按1亩=0.0667公顷换算。

6.4.2　影响因素的共线性检验

本章把影响农民工回流的因素概括为个人因素、家庭因素、社区因素、务工因素。其中个人因素包括性别、年龄、学历、婚姻、技能 5 个变量；家庭因素包括家庭人口数、家庭代数、家庭拥有好地数量、家庭劳动力数量、家庭幼儿数量、家庭中小学生数量、家庭大中专学生数量、家庭老人数量、家庭需扶养人口数 9 个变量；社区因素包括村地形、居住区位、本村经济地位、村务工人数、村务工比、村回流比 6 个变量；务工因素包括回流前务工地类型、回流前务工地距离、回流前务工年限、回流前职业类型、回流前务工地个数、回流年限、回流源地、回流后职业类型 8 个变量，共 28 个变量。在进行逻辑回归之前，需要对影响因素进行共线性检验，排除影响因素之间的线性相关关系。判断标准为多重共线性容忍度小于 0.1 或方差膨胀因子大于 10，则表示有共线性存在，需要对影响因素进行调整或剔除。初次共线性检验，发现家庭人口总数、家庭需扶养人口数 2 个变量的方差膨胀因子均大于 10，因涉及的变量较少，所以对这 2 个变量进行剔除。经过剔除后，模型容忍度均远大于 0.1，方差膨胀因子均小于 5，所以不存在多重共线性（见表 6 - 8）。

表 6 - 8　　　　　　　　影响因素的共线性诊断

模型	非标准化系数		标准系数	t	显著性	共线性统计	
	B	标准误	贝塔			容许	VIF
常量	3.484	0.415		8.401	0		
性别	-0.167	0.092	-0.075	-1.821	0.069	0.769	1.3

续表

模型	非标准化系数		标准系数	t	显著性	共线性统计	
	B	标准误	贝塔			容许	VIF
年龄	0.009	0.006	0.099	1.704	0.089	0.384	2.603
学历	-0.016	0.018	-0.037	-0.843	0.4	0.671	1.489
婚姻	0.05	0.142	0.017	0.355	0.722	0.541	1.847
技能	0.098	0.087	0.044	1.116	0.265	0.83	1.205
家庭代际数	-0.325	0.098	-0.184	-3.306	0.001	0.42	2.383
家庭劳动力数	0.082	0.048	0.08	1.718	0.086	0.611	1.638
家庭幼儿数量	0.164	0.066	0.112	2.476	0.014	0.642	1.558
家庭中小学生数量	0.032	0.055	0.024	0.574	0.566	0.779	1.284
家庭大中专学生数量	-0.021	0.077	-0.011	-0.268	0.789	0.805	1.242
家庭老人数量	0.122	0.062	0.097	1.988	0.047	0.547	1.827
家庭拥有好地数量	0.001	0.016	0.002	0.063	0.95	0.848	1.179
村地形	0.054	0.06	0.037	0.897	0.37	0.758	1.320
本村经济地位	-0.148	0.098	-0.057	-1.514	0.131	0.918	1.089
村务工人数	0.000016	0	0.008	0.163	0.871	0.565	1.770
村务工比	-0.53	0.38	-0.068	-1.394	0.164	0.552	1.811
村回流比	-0.806	0.273	-0.115	-2.948	0.003	0.855	1.169
回流前务工地类型	0.19	0.045	0.16	4.239	0	0.918	1.089
回流前务工地距离	0.0000296	0	0.021	0.433	0.665	0.534	1.871
回流前务工年限	0.006	0.006	0.055	1.021	0.308	0.444	2.251
回流前职业类型	0.031	0.021	0.059	1.454	0.146	0.797	1.255
回流后职业类型	-0.078	0.021	-0.162	-3.779	0	0.709	1.410
回流前务工地个数	-0.036	0.014	-0.101	-2.615	0.009	0.876	1.141
回流源地	-0.137	0.118	-0.059	-1.155	0.248	0.505	1.978
回流年限	-0.005	0.009	-0.023	-0.552	0.581	0.776	1.289
村距务工地距离	-0.006	0.001	-0.284	-7.563	0	0.928	1.078

6.4.3 模型与运算结果分析

无序多元 Logstic 回归中对自变量类型没有要求，可以是多元变量、连续变量或等级变量，但对于因变量要求是无序多元变量。无序多元变量是没有顺序的分类，变量没有大小和层级关系，仅代表不同属性和类型。本章中因变量分为中心城区、县城、乡镇、村庄，属于无序多元变量，且无序多元变量在 3 类及以上，因此，适合用无序多元 Logstic 回归模型。

表 6 - 9 中，仅有截距表明模型中没有自变量仅截距项状态，最终涵盖自变量模型与没有涵盖自变量模型存在显著差异，侧面证明模型中的自变量很重要。显著性值小于 0.05，模型有统计意义，模型通过检验。

表 6 - 9　　　　　　　　　　　　模型拟合信息

模型	模型拟合条件	似然比检验		
	- 2 对数似然	卡方	自由度	显著性
仅有截距	1640. 122			
最终	1195. 261	444. 861	126	0. 000

在表 6 - 10 中，模型 6 - 1、模型 6 - 2、模型 6 - 3 分别为中心城区、县城、乡镇的回归模型，村庄为参考类别。因无序多元 Logistic 回归需要对分类变量进行哑变量设置，而哑变量的设置需要有比较对象，表中的比较对象分别是男性、已婚、有技能、家庭经济地位好、村地形为平原、省外回流、回流前务工地类型为城区、回流前和回流后职业类型为建筑及制造业、居住区位为村庄。由于是关于社会地理现象的研究，将显著性水平放宽至 0.1。

表6-10　　无序多元 Logstic 回归结果

因素	因子	模型6-1			模型6-2			模型6-3		
		B	显著性	Exp（B）	B	显著性	Exp（B）	B	显著性	Exp（B）
个人因素	截距	-1.381	0.386		-0.841	0.527		-3.201	0.039	
	性别	0.032	0.931	1.033	0.361	0.207	1.435	0.698	0.034	2.009
	年龄	-0.032	0.145	0.968	-0.005	0.757	0.995	0.013	0.499	1.014
	学历	0.091	0.217	1.095	0.039	0.506	1.04	0.096	0.161	1.101
	婚姻	-0.608	0.288	0.545	-0.259	0.581	0.772	-0.217	0.695	0.805
	技能	-0.543	0.111	0.581	-0.279	0.307	0.756	-0.088	0.783	0.915
家庭因素	家庭代际数	1.32	0.001	3.744	1.071	0.001	2.917	0.653	0.073	1.921
	家庭劳动力数量	-0.276	0.155	0.759	-0.117	0.446	0.89	0.183	0.293	1.201
	家庭幼儿数量	-0.265	0.313	0.767	-0.326	0.126	0.722	0.141	0.551	1.152
	家庭中小学生数量	-0.133	0.545	0.876	-0.144	0.42	0.866	0.279	0.173	1.322
	家庭大中专学生数量	0.011	0.971	1.011	-0.051	0.839	0.95	-0.114	0.707	0.892
	家庭老人数量	-0.423	0.077	0.655	-0.184	0.319	0.832	-0.157	0.472	0.855
	家庭拥有好地数量	0.051	0.431	1.052	-0.025	0.641	0.976	0.096	0.088	1.1
社区因素	[地形类型=1]	-0.289	0.489	0.749	-0.277	0.38	0.758	-0.384	0.312	0.681
	[地形类型=2]	-1.174	0.07	0.309	0.913	0.036	2.493	0.331	0.53	1.392

续表

因素	因子	模型6-1			模型6-2			模型6-3		
		B	显著性	Exp(B)	B	显著性	Exp(B)	B	显著性	Exp(B)
社区因素	[村庄居住=0]	-1.055	0.007	0.348	-0.949	0.003	0.387	-0.33	0.379	0.719
	[村经济地位类型=1]	-0.94	0.06	0.391	-0.203	0.633	0.816	-0.424	0.377	0.655
	[村经济地位类型=2]	-0.811	0.308	0.445	-0.219	0.731	0.803	0.628	0.352	1.875
	村务工人数	0.000	0.703	1	0.000	0.246	1	-0.001	0.142	0.999
	村务工比	-0.621	0.682	0.537	0.666	0.595	1.946	0.685	0.637	1.984
	村回流比	1.801	0.114	6.053	0.24	0.813	1.271	0.189	0.873	1.209
	[回流前务工地类型=1]	-0.426	0.421	0.653	-0.649	0.15	0.523	-0.575	0.271	0.563
	[回流前务工地类型=2]	-1.476	0.012	0.229	-0.948	0.015	0.388	-0.216	0.611	0.805
	[回流前务工地类型=3]	-2.651	0.001	0.071	-1.891	0.001	0.151	-1.199	0.067	0.301
	回流前务工地距离	0.000	0.178	1	0.000	0.444	1	0.000	0.217	1
	回流前务工年限	-0.003	0.893	0.997	-0.052	0.006	0.949	-0.056	0.014	0.945
务工因素	回流前职业类型	0.093	0.797	1.097	0.386	0.169	1.472	0.364	0.266	1.44
	回流后职业类型	0.319	0.358	1.376	-0.242	0.382	0.785	0.12	0.708	1.128
	回流前务工地个数	0.089	0.061	1.093	-0.031	0.497	0.969	-0.165	0.033	0.848
	回流源地	0.685	0.161	1.984	-0.267	0.467	0.765	-0.001	0.998	0.999
	回流年限	0.009	0.795	1.009	0.051	0.058	1.053	0.051	0.1	1.053
	村距务工地距离	0.079	0.000	1.083	0.066	0.000	1.069	0.063	0.000	1.065

在模型 6-1 和模型 6-2 中，家庭因素里的家庭代际数显著性水平小于 0.05，系数为 1.32 和 1.071，模型 6-3 中家庭代际数显著性水平小于 0.1，表明家庭代际数是影响回流地域类型选择的重要因素。家庭代际数越大的农民工越倾向于返回至中心城区务工，而不是返回至村庄。家庭代数越大，意味着家庭成员数量越多，抚养比会增加，前往中心城区务工能获得较高的收入来减轻家庭负担。

模型 6-1 里，家庭因素中的家庭老人数量达到了 0.1 的显著性水平，且系数为负数。原因可能为家庭抚养比较重的家庭负担不了老人的医疗及养老的花费，同时受到家庭的羁绊，需要在家照顾老人及孩子，降低了其外出长距离务工的可能性，在村庄及其附近务工的可能性比较大。

社区因素中的地形类型 2 达到了显著性水平，系数为 -0.289，表明山区相比平原地区的农民工在中心城区与村庄务工二者选择上会更倾向于返回村庄，这可能与中心城区高昂的房价有关。中心城区虽然能提供更多的就业机会和更高的收入水平，但可能距离村庄较远，房价水平较高，农民工难以在中心城区定居，而这种难以阖家团圆的情况与长期外出务工并无差别，农民工在回流上会更倾向于务家。加之近些年来，随着经济的发展，国家扶贫建设的推广，山区的交通、通信、供水供电等基础设施日益完善，山区的就业机会日益多样化，电商促进山区产业发展，旅游业日益成为山区的优势产业。在模型 6-2 中，地形类型 2 也达到了显著性水平，显著性 0.036 小于 0.05，系数为 0.913，系数为正，表明县城和村庄相比，山区的农民工更倾向于在县城务工。地形影响交通通达度、信息获取的便捷性及田地数量，影响农民工的回流行为。地处丘陵和山区的村民会更倾向去县城务工，来获得高收入和高回报。平原、丘陵与山区相比，交通较为便利，家附近能获得较多的就业机会，山区的农民工则需要去县城务工来取得相对合理的收入。县城处于城区和村庄之间的过渡带，是山区农民工兼顾收入和务家之间的最优选择。居住区位在模型6-1和模型6-2中都达到了显著性水平，系数分别为-1.055和-0.949，都为负数，表明村庄与中心城区和县城相比，村庄居住的农民工会更愿意返回至村庄务工。村庄具有较低的就业门槛、丰富的土地资源和居住区位优势，同时，回流至农村既能照顾家庭又能兼顾土地。

村距务工地距离在模型6-1、模型6-2和模型6-3中，显著性水平都小于0.05，系数都为正数，表明务工距离是影响农民工务工地类型的显著影响因子，务工距离越远，越倾向于在中心城区和县城务工，回流至村庄的可能性就越小。换言之，务工地距离中心城区和县城越近回流至中心城区和县城的概率就越大；相反，距离县城和中心城区越远，越容易返回至村庄。中心城区制造业和服务业发达，交通通信基础设施完善，经济发达，辐射范围广。距离县城越近，受其辐射范围的影响越重，吸引力就越强。

模型6-1中，务工因素里的回流前务工地个数显著性水平为0.061，系数为0.089，表明务工地点更换的越频繁的农民工越倾向于回流至中心城区。频繁更换务工地点可能是为了取得较高的收入，而这种务工经历会直接影响回流后自己对务工地点的选择，主动匹配高的地域层级，中心城区务工能满足自己对较高的工资的追求。

模型6-2中，除了家庭因素中的家庭代际数，社区因素里的地形类型和居住区位达到了显著性水平外，务工因素中的回流前务工地类型，回流前务工年限，村距务工地距离显著性水平均达到 0.05，回流年限达到 0.1 的显著性水平。在回流前务工地类型 2 和回流前务工地类型 3 中，显著性分别为 0.015 和 0.001，系数分别为 -0.948 和 -1.891，表明回流前务工地类型对回流后务工地点的选择具有显著影响。城镇、村庄和中心城区相比，回流具有路径依赖性和小城镇偏好。回流前务工地点为乡镇和村庄，回流区位会偏向村庄。回流前多在中心城区和县城务工的农民工，回流后会选择中心城区和县城务工的可能性比较大。回流前以中心城区和县城作为务工地点主要和自身追求的高收益相关，大中城市能满足自身获得高工资的需求，回流后具有路径依赖性，依然会选择中心城区和县城作为自己的务工地点。与之相反，回流前务工地点的地域层级不高，回流后仍能获得与之相应的收入，也能满足自身照顾家庭利益的需求。回流前务工年限显著性水平为 0.006，小于 0.05，达到显著性水平，系数为 -0.052，表明回流前务工年限越长，越倾向于回流至村庄。回流前务工年限越长，年龄就越来越大，随着身体素质的下降和思家念亲等因素的影响，对回流至村庄有强烈的归属感。回流至村庄，通过土地可以自给自足，减轻家庭负担，同时可以照顾家里的老人和孩子，享受阖家团圆的幸福感。

在模型 6-3 中，个人因素里的性别因子，系数为 0.698，显著性为 0.034，达到显著性水平。而在模型 6-1 和模型 6-2 中均不显著，表明女性更倾向于回流至乡镇务工，而不是中心城区和县城。女性由于传统的家庭职业分工的需要，照顾老人和抚养孩子是其主要义务。女性在顾家的同时，会尽可能地从事兼职工作，使家庭收入最大化。乡镇具有小型服装厂、面粉厂等手工作坊，给女性提供了就业机会，达到了顾家和务工之间的平衡。务工因素中，回流前务工年限、回流前务工地个数、村距务工地距离都达到了 0.05 的显著性水平。回流前务工年限越长越倾向于回流至村庄，主要与自身的务工经历相关。随着务工年限的增长，年龄及体力优势不再，回流至村庄是最好的选择。回流前务工地个数在模型 6-1 中系数为正数，在模型 6-3 中系数为负数，表明乡镇与村庄相比，务工地点更换的越频繁的农民工越倾向于回流至村庄。与模型 6-1 中频繁更换务工地点来追求理想中的高工资不同，乡镇和村庄的收益水平相差不大，频繁更换务工地点可能是由于受到自身技能和知识水平的限制，并不能找到适合自己的工作。回流至村庄可以通过传统的务农行业获得相应的合理收入。

个人因素中的年龄、学历、性别、婚姻、技能等个人特征在模型 6-1 和模型 6-2 中均未达到显著性水平，只有性别因子在模型 6-3 中达到了显著性水平，表明个人特征对回流至中心城区还是县城务工并没有显著性影响。

家庭因素中，家庭劳动力数、家庭幼儿数量、家庭中小学生数量、家庭大中专学生数量等因素在模型 6-1、模型 6-2 和模型 6-3 中均未达到显著性影响水平，表明家庭中学生数量并不会对回流的地域类型产生影响。

社区因素中，村务工人数、村务工比、村回流比等在 3 个模型中都未达到显著性水平，表明务工及回流人数对回流地域的选择不会产生太大的影响。

务工因素中，回流距离和回流源地在 3 个模型中均未达到显著性水平。表明回流距离的远近和是否从省外回流对回流后地域类型的选择产生的影响不大。

如表 6-11 所示，模型在预测县城地域类型准确率最高，达到 76.7%，在预测村庄的准确率达到 65.4%，中心城区的预测准确率较好，达到 45.2%，乡镇的预测准确率最低，只有 27.2%。模型总体预测准确率为 59.9%，近乎 60% 的准确率，模型整体拟合效果好。

表 6-11   模型预测

实测	预测				
	中心城区（样本数）	县城（样本数）	乡镇（样本数）	村庄（样本数）	正确百分比（%）
中心城区	52	50	7	6	45.20
县城	17	191	17	24	76.70
乡镇	6	38	28	31	27.20
村庄	3	41	10	102	65.40
总体百分比（%）	12.50	51.40	10.00	26.20	59.90

6.5 结论与政策建议

6.5.1 结论

利用河南省的实地调研数据，运用 GIS 空间分析对样本点区位进行可视化、结合统计分析对农民工的回流现状及特征进行研究，运用 SPSS 多元回归模型探究了回流后农民工务工区位特征的影响因素，得到以下结论：

（1）回流以省外回流为主，县城是回流者的首选地。跨省流动的农民工回流前多选择中心城区务工，北京、东莞、杭州、广州、深圳、苏州、武汉、上海是回流前主要务工城市。省内回流的方向主要从中心城区回流至县城，县城是省内回流者的第一区位。回流区位向县城和村庄扩散，出现分层特征。县城一方面集聚了该区域内的资源、资金、信息和物流优势，另一方面，医疗、卫生、教育、环境、交通等基础设施都相对完善，能很好地满足回流的农民工生活需求。同时，县城经济较周边村镇发达，工资较高，第二、第三产业较多，能提供较多的就业岗位，回流至县城既兼顾生活的舒适度又能提供就业机会，因此县城成为回流者的首选地。

（2）村庄作为省外回流者的第二偏好区位，主要是村庄有赖以生存的土地资源。在村庄附近务工不仅能缩短务工距离，同时能兼顾家庭和收入，是回流者较为满意的选择。但是，由于村庄并不能提供理想中的高工资，导致回流村庄的人数不如县城多。

（3）省内回流者具有小城镇偏好，省外回流者回流区位具有路径依赖性。省内回流农民工与跨省流动的农民工相比更具有小城镇偏好。省内回流者在回流地选择上不再以高收入作为唯一的标准，更注重家庭因素。乡镇具有居住区位优势，有更好的社会融入度和心理适应，对农民工具有较强的吸引力。省外回流至中心城区比例比省内回流多，主要是基于路径依赖的选择。跨省流动的农民工常年在大城市务工，已经适应了较高收入的状态，在回流地的选择上会偏向于中心城区。

（4）青壮年劳动力多回流至县城，年龄越大越倾向于回流至村庄，高学历倾向于回流至中心城区和县城。青壮年承担着上要养老下要育儿的生活重担，获得经济来源是青壮年回流后首要考虑的条件。随着年龄的增大，身体状况变差，生产力下降，为减轻家庭负担，依靠土地生存是回流后的不错选择。结合学历与回流区位交叉分析发现，不同学历两极分化的回流趋势明显，学历越高，回流后匹配的地域层级就越高。高学历回流者倾向于回流至城区和县城。学历越高，其个人综合竞争力越强，在市场中处于有利的竞争地位，匹配的地域层级就越高。回流后，中心城区和县城集聚了大量的资金、技术、信息等优势条件，成为高学历回流者的偏好区位。回流动因中，主动回流人数略高于被动回流。回流职业上，回流前主要以制造加工业和建筑业为主，回流后以服务业为主，农业和交通运输仓储业比例也有所增加，由回流前的第二产业转向回流后的第三产业。照顾家庭和回乡过渡期的短暂失业是回流后非务工的主要原因。

（5）回流源地主要集中在本省和东部比较发达省份的省会城市及其附近，在距离分布上具有4个高点。从省级尺度上看，主要集中在河南、广东、江苏、浙江、北京、上海、新疆、河北、山东、山西等地区。河南和广东是最主要的务工省份。从市级尺度来看，主要集中在本省省会城市和沿海发达省份的省会及其省会附近。从地区划分看，回流者主要是从东部和中部地区回流，西部地区回流者较少。从城市群上看，珠三角城市群、长三角城市群、京津冀城市群、中原城市群是回流前的主要务工地。回流前的务工距离呈现整体分散，小范围集中的特点。在回流时间分布上，2000年后回流人口逐年增多，特别是2010年后呈现波动上升态势明显。2000年以前，主要以外出务工为主，2000年迎来回流的第一个高潮点，主要与国有企业改革，淘汰并关闭部分企业，导致城镇职工失业率激增，从而采取一系列措施限制农民工进城，缓解城镇就业压力。第二次回流高潮主要发生在 2008 年后，受国际金融危机的影响，国际经济不景气，沿海产业尤其是劳动密集型和服务型产业减产或倒闭，导致用工量明显减少，大量农民工被迫返乡。在回流年限中，回流主要以 5 年内回流为主，总体上以近期回流为主，回流时间较短。

（6）对农民工回流区位影响因素的研究表明，个人因素中的女性群体对回流至乡镇有着特别的偏好。家庭因素中代际数量关系着家庭抚养比，抚养比越大，家庭负担越重，越倾向于县城和中心城区务工。村庄因素中的地形和居住区位都在不同的模型中达到显著性水平，地处丘陵和山区的农民工更愿意前往县城务工，在村庄有居住优势的农民工更愿意回流至村庄。务工因素中，务工因素中村距务工地距离、回流前务工地域类型、务工年限、务工地个数均是影响回流后农民工务工地域选择的重要因素。

6.5.2　政策建议

6.5.2.1　加强中小城镇基础设施建设，实现就地城镇化

县城作为回流的偏好区位，应加强在交通、信息、物流、通信等方面的基础设施建设，增强自身吸引力，大力支持中小城镇发展，鼓励有经济实力的农民工返乡创业，就地实现城镇化，引导农民工有序回流。

县域作为城市和乡镇的过渡区，要充分发挥其融合作用，加快县域就地城镇化发展，努力挖掘自身优势，打造特色产业，提高自

身竞争力与吸引力，吸引周边居民进行定居，提升其基本公共服务水平。加快缩小城乡差别，推进教育、医疗、卫生、健康、养老等公共服务体系均衡发展。

夯实产业基础，在产业发展上，应注重考虑地方实际，发展特色产业，打造产业及品牌优势，可将旅游业与农业相结合，适当发展劳动密集型产业，带动周围地区农民工就业，改善生活，提高收入水平。

6.5.2.2 实施优惠政策，营造良好的就业环境

将返乡农民工进行注册登记，建立失业人员再就业平台，对返乡及失业农民工进行技能培训，激励返乡农民工自主创业。政府应降低贷款的门槛，简化贷款手续，优化流程，鼓励有经济实力的农民工返乡创业。在失业平台上积极发布各种就业信息，对失业人员进行一对一帮扶指导，通过广播、电视、广告等多媒体方式将就业信息及时传递给农民工，帮助处于回流失业过渡期的农民工再次返岗。

6.5.2.3 加大教育投入，提高农民工的社会地位

村庄作为回流的第二首选位，应大力建设农村新型社区，实施乡村振兴战略。此外，要特别重视农村留守儿童问题。教师应更加关爱留守儿童，关心其学习及心理健康状况。研究发现，绝大多数农民工都是初中学历，学历水平较低，未来还应继续加大对农村教育财政投入，完善教育理念，加强对农民的教育和职业技能培训，增加农民的人力资本。政府应将教育资源向农村地区倾斜，落实优惠政策及义务教育实施，提升农村地区教师的教学水平，普及硬件等教学设施，改善办学条件。

农民工在外长期务工的过程中，主要从事建筑业和加工制造业，

收入普遍不高，社会地位与其他职业相比也有很大的差距。政府应更加关注回流后农民工的心理状况和就业满意度，出台相应政策，提高农民工的社会地位。

6.5.3　存在不足与研究展望

本章只是从微观的角度分析了个人、家庭、社区、务工因素对回流区位的影响，相关的宏观指标，如国家政策、文化环境等由于难以量化，缺少相应的指标，影响因素涵盖的范围不够全面，需要今后加以完善。

本章研究的结果可能不具有普适性，难以代表其他研究区域。由于不同的学者所研究的样本量大小及研究区域的差别，对于同一个微观的影响因素的解释却有着不一致甚至是完全相反的结论，需要结合问卷，具体问题具体分析。

本章研究的样本量不足够大。本部分只是在春节期间对河南省部分农民工进行抽样调查，不能排除没有回家过春节的农民工对样本量的影响。本部分只是微观的田野调查数据，由于大数据具有样本量大、精确性高、实时技术等优势，今后需结合大数据来进行研究。

第7章

中部农区农民工多阶流动及
影响因素研究

　　人口迁移流动是中国改革开放以来规模最大、意义最为深远的地理过程之一，并一直是人口地理学等相关学科研究的重要内容（朱宇、林李月，2016；龙晓君等，2018）。随着人口迁移流动研究的不断深入，其时间过程引起了国内一些学者的关注。根据时间过程，农民工流动可分为"一次流动"和"二次流动"（梁雄军等，2007），类似的提法还有初次流动和后续流动（林李月、朱宇，2014；高更和等，2016），相应的人口流动分次研究和时间研究也偶有发表。初次流动存在着显著的空间集聚现象，其空间选择明显受到关系网络、人力资本、家庭特征、社区环境等因素的影响（林李月、朱宇，2014；田明，2017）。农民工二次流动频率较高，是维护自身合法权益的主要途径（梁雄军等，2007），流动有利于增加收益（刘颖等，2017）。东部城市之间的二次横向流动速度快，频率高，多次流动的流向及空间轨迹十分复杂（田明，2013；于婷婷等，2017）。从社会学角度观察，劳动力存在一种渐进性的向上流动现象，随流动次数的增加，其逐步沉淀在当前的城市（杜鹏、张航空，2011），但与此相反的观点则认为地理梯次的流动人口会由于"流动惯性"作用而愿意继续流动（张航空，2014）。

国外在较早时候就提出了逐步迁移（stepwise migration）概念（Ravenstein，1885），但在人口迁移流动文献中并未占据重要地位（朱宇、林李月，2016）。有学者从概念和方法两个角度提出了逐步迁移的可操作性定义（Conway，1980），而更多的研究是具体的案例分析，涉及土耳其、新西兰、泰国、墨西哥、美国、苏格兰、菲律宾、中国香港和新加坡（Howe et al.，2010；Carlos and Sato，2011；Paul，2015）等国家和地区。在对逐步迁移案例研究的同时，垫脚石假说（the stepping stones hypothesis）也同时被验证（Howe et al.，2010；Carlos and Sato，2011）。但一些研究表明逐步迁移不能充分描述所有观察到的模式（Afolayan，1985），逐步迁移显然存在，但不是主要的迁移类型（Pardede et al.，2016）。总的来看，国内研究由于样本数据的来源不同，关于农民工空间流动随时间变化的规律并未形成共识，且针对多次流动的精细性研究还较少，同时由于缺乏农民工流动史数据以及获得该数据的较大难度，相关研究仍很少。国际上的相关研究主要涉及国际永久性移民，很少有文献涉及类似国内大范围、多次的临时性农民工流动。同时由于缺乏数据，很少有研究考虑同一个人多次的流动经历（Impicciatore and Strozza，2016）。

我们认为，农民工空间流动是一个连续过程，每次流动之间并非一种随机现象，而是在空间上逐步趋向优化的过程，即农民工从自身价值判断，随着时间的持续和流动次数的增加，最终将接近或达到理想区位，即多阶流动。需要指出的是，伴随着空间流动，其务工地距离、工作地类型、务工时间和离职原因等也在发生相应的变化。本章将基于对农民工的深度访谈数据，对多阶流动的空间过程进行研究，揭示农民工流动的时空过程特征。

7.1 数据来源与研究方法

7.1.1 数据来源

7.1.1.1 案例区选择

河南省为我国农民工大省，在农民工流动上具有典型性和代表性。据统计，2016 年河南省农民工总量达 2876 万人，占河南省农村人口的 51.77%，占全国农民工总量的 10.21%，长久以来其农民工数量均居我国首位或前列。河南省地处中原腹地，交通便利，与我国主要经济发达地区距离适中，形成了多样的流动方向，流动目的地分布较为分散且种类齐全。近些年来，河南省县域经济发展迅速，吸引了不少农民工在本省和本地就业，构成了农民工外流与回流并存的局面。

7.1.1.2 数据来源

本研究所采用的数据来自作者进行的农民工流动调查。考虑到地形、区位、经济发展水平和务工人员数量，在河南省范围内选择了 6 个村进行访谈式深度调查，每个村访谈对象约 40～60 人。本次仅调查流动次数为 5 次的较长时间务工者。调查时间为 2016 年 2 月春节期间，调查员为河南财经政法大学资源与环境学院的研究生和本科生，每村 1 人，共 6 人。调查前，对调查员进行了严格培训，调查结束后，对问卷进行了整理和数据录入，剔除掉无效问卷后，最终形成 268 份有效问卷数据库，其中，每份问卷包含 122 个属性数据。

7.1.1.3　调查样本概况

所选 6 个村在地形分类、区位分类、经济发展水平分类等方面均具数量均衡性分布。它们分别位于：郑州市荥阳市崔庙镇、洛阳市西工区红山乡、焦作市温县赵堡镇、洛阳市孟津县送庄镇、济源市大峪镇、三门峡市渑池县张村镇。在样本村分层方面，山区、丘陵和平原各 2 个，近郊（距离城市建成区边缘 5 千米内）、中郊（5 ~ 15 千米）、远郊（15 千米以上）各 2 个，经济发展水平高（农民年人均纯收入在 1 万元以上）、中（0.6 万 ~ 1 万元）、低（小于 0.6 万元）各 2 个。

全部样本中，男性占 65.3%，女性占 34.7%，男性较多；务工者年龄主要集中在 25 ~ 55 岁之间，占比为 80.2%，80 后新生代农民工占比为 59.0%，年龄构成较轻；务工年限较长，平均为 12.36 年，8 年以上者占比 60.1%；务工地主要分布于河南、广东、江苏、浙江、上海等省区市。

7.1.2　研究方法

本研究主要采用统计分析和逐次二元 Logistic 回归模型分析方法。前者用于对各城乡地域类型各次务工人数、历次流动距离变化和持续时间变化、历次主诉流动原因进行统计和分析，后者主要对影响各次流动的因素进行概率估算。综合考虑务工持续时间长短和数据可得性，本章主要采用5次务工（4次流动）的分析方法。

二元 Logistic 回归模型通过拟合解释变量与事件发生概率之间的非线性关系，来进行事件发生概率的估计。记 $X = (X_1，X_2，\cdots，X_{P-1})^T$ 表示影响事件 A 发生概率的因素，$P(x)$ 表示事件 A 发生的概率。设 F 为线性函数 $F(X_1，X_2，\cdots X_{P-1}) = \beta_0 + \beta_1 X_1 + \cdots + \beta_{P-1} X_{P-1}$，则：

$$P(x) = \frac{\exp(\beta_0 + \sum_{k=1}^{p-1} \beta_k X_k)}{1 + \exp(\beta_0 + \sum_{k=1}^{p-1} \beta_k X_k)} \tag{7.1}$$

式（7.1）称为二元 Logistic 回归模型，其中的系数采用极大似然参数估计迭代计算。

7.2 农民工多阶流动特征

7.2.1 务工地空间距离变化

随着务工工龄的增长和流动次数的增多，务工地逐渐趋于稳定，务工距离变动呈现弱回归态势。本章将每一次的务工地变动导致的务工距离变化划分为距离明显增加（简称距离增加）、距离明显减少（简称距离减少）以及距离基本不变（简称距离不变）三种情况。第一次变动是农民工务工地的首次变化，较多的农民工选择了

距离变化，变动者的占比较大，为 61.32%（见表 7-1）。第二次
流动中距离不变者比例下降 13.3%，距离变化者则呈较大比例的上
升，说明第二次变动仍处于对务工地的搜寻过程中，且对原工作地
的不满意程度较第一次变动有所加强。至第三次变动时，务工地开
始出现稳定趋势，务工距离不变者增加到 39.54%，而务工距离变
化者的比例开始下降。第四次变动中，务工距离不变者进一步上
升，达到 44.78%，稳定态势出现，同时，在务工距离变化者当中，
务工距离减少者超过距离增加者，农民工回归当地的趋势开始显
现。总的来看，随着时间推移及农民工认知水平的提高和拥有信息
量的增加，农民工频繁转换务工地导致的务工地距离变化，具有初
期变化明显、后期变化减弱且稳定性和回归性增强的特征。

表 7-1　各次流动中务工距离变化者比重及主诉离职原因统计　单位：%

流动时序	距离变动情况			主诉离职原因							
	增加	减少	不变	原因1	原因2	原因3	原因4	原因5	原因6	原因7	原因8
第一次流动	33.96	27.36	38.68	23.51	8.21	6.72	2.24	13.06	4.48	33.58	7.84
第二次流动	37.27	37.35	25.38	27.61	3.36	17.54	3.36	14.93	1.49	17.54	14.18
第三次流动	30.25	30.21	39.54	16.04	4.85	19.78	3.36	10.82	7.84	19.40	17.54
第四次流动	26.12	29.10	44.78	14.55	2.24	21.27	3.73	9.70	10.45	20.15	17.54

注：表中各原因序号含义：原因1，工资低并拖欠；原因2，同事矛盾或企业倒闭；
原因3，想家或家中有事；原因4，照顾老人及孩子；原因5，工作太脏或太累；原因6，
离家远，想回家干；原因7，寻找更好的工作或机会；原因8，工作完成。

7.2.2　务工地城乡地域类型变动

从历次农民工流动地域类型看，城区和县城是农民工务工的首

选地，但从演变趋势上看，乡镇中心地和乡村务工人数比例呈现出完全不同的特征。根据农民工务工地的城乡地域特征，可将其划分为4种基本类型（见表7－2）。在务工地地域类型分布上，从初次到终次，城区所占比例最高，一般在54%～59%，这是因为城区非农就业机会最多，相比而言收入也最高。但从演变趋势看，城区的集中度似乎变化不大。县城是历次务工地的第二集中地，占比在20%～25%，从演变趋势看，具有弱增加态势。以上城区和县城合计的城市地区，务工者占比约80%，即城市一直为农民工务工地的首选，乡城流动构成了农民工流动的基本空间图谱。务工地为农村的比例一直不大，其中乡镇中心地又占了绝对优势，乡村仅占很小的比例，这是由于工作机会和收入的空间分布造成的。但在演变结构中，乡镇中心地占比有增加的态势。如果将县城和乡镇中心地合并，其总趋势的上扬更是显而易见。这意味着，农民工村落附近的城镇越来越成为农民工务工地的首选。

表7－2　　各次务工区位城乡地域类型及持续时间的务工者比重　　单位：%

务工时序	城乡地域类型				务工持续时间			
	城区	县城	乡镇中心地	乡村	临时	短期	中期	长期
第一次	57.46	22.76	14.18	5.60	35.82	29.85	20.15	14.18
第二次	55.60	24.25	13.43	6.72	47.01	25.37	11.94	14.93
第三次	58.21	20.90	17.91	2.99	44.78	26.12	17.91	11.19
第四次	55.97	23.13	18.66	2.24	40.30	23.13	19.40	17.16
第五次	57.09	24.25	16.42	2.61	39.55	22.39	18.66	19.40

7.2.3　务工持续时间变动

随流动次数的增加，农民工务工持续时间呈增加的态势。根据实际情况，可将每次务工按照持续时间分为 4 类：临时务工（6 个月以内），短期务工（7～12 个月）、中期务工（13～24 个月），长期务工（25 个月以上）。对比 5 次务工持续时间长短可以发现（见表 7 - 2）：第一，临时务工和短期务工占比有下降的趋势。第一次务工的持续时间完全是随机的，整体上以临时和短期为主，但随着时间的推移，呈现出减少趋势。第二，长期务工者的占比略有上升。长期务工者占比由第一次的 14.18% 上升到第五次的 19.40%，尽管上升过程中有曲折，但整体上升趋势较为明显。第三，中期务工者占比基本上变化不大，尽管中间过程也有起伏态出现，但整体上基本稳定。农民工务工过程，实际上是一个根据自身人力资本状况，不断获取信息、不断搜寻新工作岗位的过程，也是一个不断探索、总结经验的过程。收入高低及其稳定性和各种社会保障与务工持续时间有关，当不能获得长期的稳定工作时，农民工才会考虑临时性和短期性工作。

7.2.4　空间流动原因变化

农民工主要进入城市的次级劳动力市场，高流动性是其主要特征。农民工离开务工企业的具体原因，大致可分为 8 类（见表 7 - 1）。从调查结果看，主要为原因 1、原因 3、原因 5、原因 7、原因 8 等。

上述原因主诉人数占比合计一般都在80%以上。但各次流动各原因主诉人数占比也发生了较为明显的变化，主要特点为负向原因（对农民工不利，包括原因1、原因2、原因5、原因7）主诉人数占比下降，正向原因（对农民工有利，包括原因3、原因4、原因6、原因8）占比上升，表明农民工决策正确率的上升。四次流动中，第二次出现了较大幅度的波动，表明本次流动是农民工务工地调整的关键时期。相对于第一次的随机选择和第二次的剧烈调整而言，第三次和第四次选择则趋于理智和优化，其中，原因3、原因4、原因6主诉人数占比有较为明显的上升，表明家庭和家乡因素成为务工地选择的主要因素。原因8主诉人数有较为明显的增加，说明劳动合同执行率提高，也表明务工状态逐渐趋于优化。

7.3 影响因素分析

7.3.1 变量设计

农民工多阶流动是农民工频繁变换务工地的结果，虽然务工地变动的直接动因是收入低、寻求更好的工作机会、照顾家庭和工作结束或企业终止工作等，但其背后却是农民工理性决策、综合考虑多种因素的结果（高更和等，2016），其中，成本—收益最大化和提高人力资本利用效率为其基本原则（林李月、朱宇，2014；Schultz，1961），此外还要考虑个体特征、家庭、社会网络等各种相关因素（林李月、朱宇，2014）。这些因素概括起来可分为 4 类（见表 7 - 3）：首先是务工因素。务工时间的长短影响其经验积累，务工工种反映了个体的人力资本状况，地域类型基本上代表了其收入水平和务工地选择的偏好，这些因素均影响农民工的多阶流动。其次是个人因素。行为心理学认为，人的行为方式是建立在个人特征基础之上的，不同个体的人力资本特征，对其行为方式具有重要影响，务工地选择行为也是如此。再次是家庭因素。家庭经济学认为，个人只是家庭成员之一，个人追求的往往是家庭收益的最大化而非个人收益的最大化，因此家庭特征对农民工务工地的选择和变换具有重要影响。最后是村庄因素。地理环境是影响人口流动的重要因素，村庄的经济发展水平直接体现了区域经济发展水平和自身的经济基础，对流动具有基础性影响。村区位和村地形直接影响着村经济发展水平，村务工人员比重影响农民工对务工信息的掌握，这些均对其务工决策具有重要影响。综合上面的分析，本研究选择 4 类 14 个因子进行模型分析。

表 7 - 3 　　　　　　　　　解释变量的赋值和含义

指标	变量	赋值（单位）	含义
务工因素	务工年限	实际值（年）	初次务工开始年份到各次务工时的年限
	务工地域类型	城区 1；县城 2；乡镇中心地 3；乡村 4	按照务工地城乡特征和行政区划等级对务工地的划分
	务工工种	一类 1；二类 2；三类 3；四类 4；五类 5	按照社会地位、经济收入、劳动强度、工作环境对历次务工从事行业的大致分类①

续表

指标	变量	赋值（单位）	含义
个人因素	性别	男性 1；女性 0	务工者的性别
	婚姻状况	已婚 1；未婚 0	各次务工时务工者的婚姻状况，离异归属于已婚类
	年龄	实际值（岁）	各次务工时务工者的年龄
	教育程度	小学 1；初中 2；高中/中专 3；大专 4	务工者的学历
家庭因素	家庭人口规模	家庭总人口（人）	各次务工时务工者家庭实际人口数
	家庭耕地面积	实际值（公顷②）	各次务工时该家庭承包耕地总面积
	家庭经济地位	好 1；较好 2；中等 3，较差 4；很差 5	各次务工时农户家庭在本行政村的经济地位等级
村庄因素	村经济发展水平	低 1；中 2；高 3	各次务工时村庄人均纯收入四分位分级
	村地形	平原 1；丘陵 2；山区 3	务工者所在村庄地形分类（崎岖度分类）
	村区位	近郊 1；中郊 2；远郊 3	按照村庄到最近县城或城市距离的分类
	村务工人员比重	实际值（%）	各次务工时村务工人员占全部人口比重

注：①其中，1 主要包括清洁工、钟点工等；2 主要包括建筑工人、工厂普工等；3 主要包括售货员、工厂技工等；4 主要包括个体经商者等；5 主要包括厨师、司机等其他职业。

②实际数据按 1 亩＝0.0667 公顷换算。

受篇幅的限制，被解释变量定义为农民工多阶流动务工地距离变化，即在多阶流动过程中，每流动一次，距离明显变化的（明显增加或明显减少）为 1，否则为 0。因被解释变量为二元变量，因此采用 Binary Logistic Regression 进行分析，具体操作时在 SPSS20.0

中调用该模块即可。

7.3.2　模型与结果分析

将 14 个变量导入模型后，经运算得到表 7 - 4 的回归结果。其中，模型（7 - 1）为第一次流动模型，其余类推。模型通过相关检验，达到显著性水平，同时，经检验自变量之间不存在共线性问题。

对比 4 次流动过程的显著性因素，可发现：务工因素中，务工年限和务工地域类型在 4 个模型中具有不同特点且在部分模型中达到了显著性水平。务工年限因子在前两次流动中不显著，而在后两次流动中显著且为负相关。前两次不显著的原因为此时务工年限较短，务工处于初期的探索阶段。随着务工年限的增加，该因子的影响力扩大并成为显著性因子，系数为负，说明务工年限越长，工作区位越稳定。务工地域类型因子在后三次流动中均为显著性因子且系数为负，而在第一次流动中为非显著性因子，表明随着务工时间的增加，务工区位越趋于农村，且流动性越小。实际上，在城市或县城等地务工，由于存在较多的务工企业选项，当满意度下降时，就会产生流动行为，而在乡镇或乡村，这种概率要小得多（也可能与务工地优选后有关）。初次流动中该因子不显著，说明在务工初期的朦胧状态中，只要对务工企业不满意，尤其是对收入不满意，都会产生离职行为，无论是在城市还是在乡村。

表 7－4

模型运算结果

指标	变量	模型（7－1）		模型（7－2）		模型（7－3）		模型（7－4）	
		系数	Sig.	系数	Sig.	系数	Sig.	系数	Sig.
务工因素	常数	0.571	0.807	4.009	0.338	-8.077	0.148	4.384	0.021
	务工年限	-0.046	0.286	-0.057	0.455	-0.075*	0.096	-0.028**	0.037
	务工地域类型	-0.231	0.404	-0.945*	0.099	-0.062***	0.00	-0.447**	0.048
	务工工种	-0.402	0.18	0.641	0.242	0.720	0.253	0.088	0.656
个人因素	性别	0.807	0.154	1.087	0.291	0.228	0.872	0.257	0.575
	婚否	0.159	0.816	1.995	0.122	2.457	0.117	-0.006	0.992
	年龄	0.121***	0.00	0.012	0.829	-0.043**	0.035	-0.058**	0.036
	教育程度	0.815**	0.048	-0.935	0.199	0.644	0.430	-0.411	0.155
家庭因素	家庭人口规模	-0.231	0.208	-0.943***	0.00	0.282	0.377	-0.067**	0.048
	家庭耕地面积	-0.203**	0.040	-0.276	0.223	-0.508**	0.044	-0.099	0.236
	家庭经济地位	0.300	0.435	1.012	0.192	0.482	0.439	-0.016	0.991
村庄因素	村经济发展水平	-0.084	0.823	-1.192	0.162	0.062	0.954	-0.035	0.914
	村地形	-0.542*	0.081	-1.343*	0.080	-0.686*	0.073	-0.645*	0.066
	村区位	0.418	0.287	1.169*	0.061	-0.233	0.754	0.508	0.121
	务工人数比例	0.025*	0.063	0.049*	0.082	0.006	0.808	0.030***	0.00
	Sig.		0.04		0.00		0.07		0.01
	NRS		0.58		0.795		0.65		0.56

注：***、**、* 分别表示0.01、0.05、0.1 的显著性水平；Sig. 为模型综合检验显著水平；NRS 为 Nagelkerke R Square。

个人因素中年龄因子在多个模型中达到了显著性水平，教育程度仅在模型（7-1）中达到了显著性水平。年龄因子在模型（7-1）、模型（7-3）、模型（7-4）中均为显著因子，但作用方向前后有较大差别。模型（7-1）中，年龄因子系数为正，说明年龄越大的务工者其距离变化的概率越大，而在模型（7-3）和模型（7-4）中的系数为负，表明年龄越大其流动性越小。这反映出随着务工经验的积累及务工地选择的优化，工作地越来越趋于稳定。教育程度因子仅在模型（7-1）中显著且系数为正，表明在初次流动中，教育程度高的农民工流动性较高，因为相比而言，其所拥有的人力资本相对较大。

家庭因素中，家庭人口规模和家庭耕地面积在不同的模型中达到了显著性水平。其中，前者在模型（7-2）和模型（7-4）中为显著性因子，说明家庭人口规模较大的务工者在后期的务工中流动性减少，原因是其更需要稳定的工作以维持家计，但该因子的作用并不稳定，在模型（7-1）和模型（7-3）中并未达到显著水平。家庭耕地面积因子也具有不稳定的影响，在模型（7-1）和模型（7-3）中为显著性因子，而在其他模型中不显著。首次流动中该因子系数为负，表明耕地面积较大务工者的流动性较小，因为其所拥有的较多耕地在较大程度上满足了家庭所需。第三次流动中情形也是如此。但该因子在模型（7-2）和模型（7-4）中并未达到显著性水平，表明该因子的影响作用有限且不稳定。

村庄因素中的村地形、务工人数比例和村区位等因子在不同的模型中具有显著性影响，但各自的稳定性具有较大的差异。村地形因子在各个模型中均达到显著性水平，其系数均为负数，表明村庄地形越崎岖，务工者的流动性越小。原因是崎岖度较大村庄的务工者，对经济收入的期望值可能较低，较易满足现状而选择较小的流动。务工人数比例因子在模型（7-1）、模型（7-2）、模型（7-4）中均达到显著性水平，且系数均为正，表明务工者占比越大的村，农民工的流动性越强，这与信息丰富和攀比心理有关。村区位因子仅在模型（7-2）中达到了显著性水平，说明在务工流动初期，距离中心城市越近，务工者流动性越小，这与离家近、附近较为容易找到工作岗位有关，但该因子在模型（7-3）和模型（7-4）中未达到显著水平，表明后期流动中该因子对流动性已不产生显著影响。

7.4 结论与讨论

第一，农民工对务工地的选择是一个趋于优化的动态过程，验证了农民工多阶流动假说。随着务工者工龄的增长和流动次数的增多，务工地逐渐趋于稳定，务工距离变化者的比例在逐步下降，而不变者在上升。与此同时，临时和短期务工者的比例有下降趋势，而长期务工者的比例略有上升。城区和县城是农民工务工的首选地，但从演变趋势上看，农村中的镇呈上扬态势，村落附近的城镇地区越来越成为务工地的重要选项。在农民工高流动性的直接成因中，外在的被迫动因弱化，而个人主观动因强化，表明劳动力市场逐渐趋于规范，务工状态发生了优化。与已有成果比较（田明，2013），研究中并未发现在较长的时间周期内人口迁移具有距离增加的特征。

第二，随流动决策的优化，各主要因子在各次模型中的显著性程度发生相应的变化。务工因素中的务工年限和地域类型、个人因素中的年龄、家庭因素中的家庭人口规模和家庭耕地面积、村庄因素中的村地形、村务工人数比重和村区位等因子在不同的模型中具有较为显著的影响，在逐次流动模型中显著性程度和方向的变化反映了农民工务工流动决策的调整和优化，经过多次的流动和经验总结，农民工变得更为理智，务工地变得更符合自己的预期。

劳动力流动是人口地理学的重要研究领域，面对波涛汹涌的农民工流动，学者们进行了不少研究，但关于多阶流动的研究还很少见。由于缺乏大样本数据，本研究只是开展了 6 个村的小样本研究，今后可尝试扩大样本后进行研究。同时，如能对整个务工生涯开展研究，也有利于对该问题研究的深化。此外，由于研究样本限制，所得结论是否适用于其他地区还有待于进一步验证。

第8章

农民工回流区位选择访谈案例

前面各章我们从数据分析的角度对农民工回流现状及原因进行了分析，本章我们将从定性和文学角度对农民工回流的现状和原因进行讨论。众多的农民工回流构成了整体的人口流动，但其微观结构则是一个个鲜活个体的回流。以下我们将从农民工个体出发，对回流原因、回流产生的影响进行分析。从下面的案例中我们不难得出结论，农民工外出务工是提高农民收入以满足家庭生活和发展的基本途径，回流则是个体对外部环境变化反应的结果，当然也与农村发展机会有关。村庄是农民生存和发展的根基，是农民生存的最后和最可靠保障。

8.1 访谈案例一：年老了必须回家

受访者基本情况：

性别：女

年龄：52 岁

籍贯：河南新乡

婚姻状况：已婚

文化程度：小学

打工时间：2012 年至今

打工地点：河南新乡城区

打工类型：工厂工人

回流地点：本村（河南新乡某村）

回流工作：制作反光衣

在一个阳光明媚的日子里，我坐在家门口晒着太阳和家里人聊天，从家里人口中得知，近几年，各个村出不去的年长女性，有了一个赚钱的好途径，在自己村就可以工作，在家里什么时间有空什么时间去工作，没有其他硬性的要求，如果遇到家里有红白事或者身体不舒服想休息，随时都可以回家。我心想这样的工作对于村里很多人来说，岂不是一个既能赚钱又能顾家的美差。正在筛选访谈对象的我问清楚之后，便迫不及待地来到了我们村南头的那户人家中去观察一番。

说是制作反光衣的代工厂也算不上，因为所有的工作都是在家里腾出来的几间房内进行的，院子里的大棚下面堆放着各种制作反光衣的布料和反光条，每个房间里无序的摆列着数十台缝纫机，旁边放着需要的材料，一眼望去，除了一两个空位，其他的都坐满了人，每个人坐在一台缝纫机旁熟练地进行操作。一边工作一边交谈的阿姨们见我一个年轻人过来，便问我来干什么。我说明了来意，阿姨们都很热情地回应我，不过她们的手一直忙个不停，边听我说话，边回应我。我惊叹到还可以一心两用到这种程度，那熟练度一定是超乎了我的想象，这一定是每天重复做了无数遍才能达到的效果。

在我正在犹豫选择哪位阿姨进行深度交流时，有位阿姨说你可以采访李阿姨，旁边的阿姨也附和着，"她以前一直在外面打工，这几年因为有了孙子，就不在外面打工了，所以打工经历还是比较丰富的。"李阿姨一听谦虚地说道："农村人不都是这样嘛，孩子都在一直长大，不上学了就该娶媳妇了，不赚钱怎么给儿子娶媳妇儿呢？这儿子结完婚不久就有孙子了，我在村里边带小孩儿边赚点钱挺好的。"

我问道："李阿姨，那您以前是在哪里打工，都做什么工作呀？现在为什么又回到家里工作了呢？"

李阿姨笑着说："以前在新乡市的一个木板厂工作，是做三合板的，把薄薄的板用专门的胶黏合起来，做成一个厚厚的板。天天都是干那个。那时候做三合板的胶有很大的气味，很刺鼻，对身体也不好，不过打工赚的钱多，也不会想那么多，就想着赚钱。"李阿姨继续说道，"而且当时家里人身体都还可以，也没有人需要专门照顾，能出去的时候多出去赚点钱，不然以后出不去了就赚不了钱了，你看现在当了奶奶，不就出不去了。我现在回到咱们村打工那就是因为儿子结了婚，有了孙子出不去太远，需要在家照顾孙子。要放在前几年在家照顾孙子哪里有地方干活赚钱呀，这几年咱们村有个小厂子可以赚点零花钱，这已经很好了，有空了可以来做个活，有事了就走，跟串门一样，很方便。"

听到这里我不免有个疑惑，我坦白地说道："那您现在的工作就是制作反光衣，但是如果大家都很自由，你们的工作能按时完成吗？"

李阿姨听懂了我的话，笑着说道："当然也会有时间限制，不过你是不知道大家做工的热情，来了一批货，大家都是很积极地领材料，然后主家会说这批材料需要多少天内完成，大家会根据自己的实际情况领取材料，不过一般情况下大家都会提前完成，因为是一天三晌都来，晚上吃完饭没事了也会来干会儿。如果谁那里剩余没做完的会分给那些已经做完的人，大家全都会在下一批材料来之前全部完成，不会出现耽误交货时间的情况。如果遇到人家要求比较紧，主家会根据情况让大家加班赶工，也会适当有所补助。大家也非常积极地参与，为了一批货能顺利交付而努力。大家在一起工作的氛围也是其乐融融的感觉，就像一大家子人一样。"其他阿姨也说着，有的说在一个房间里面一个人努力地工作赚钱，做的活多了，发的工资自然也会变得更多，旁边的人看到也会被感染，也会羡慕别人的高工资，虽然每个人的快慢不一样，但是每个人都努力地干活做工，这样整个氛围都是积极的。不管平时怎么样，到发工资的时候心里都是高兴的，不管多少都是自己劳动的成果。

我环顾了一周看每个人的手都在忙个不停，手速的确都不一样，有的机器一直响个不停，有的间断地发出声音。我笑着说："李阿姨您的手速算是数一数二的啦，您之前的工作对您现在有什么影响吗？"

李阿姨不好意思地说："经常做这种要手速的活，时间长了都锻炼出来了，以前在厂里面也是需要手头快才能赚到更多钱呢，自然而然就锻炼出来了，做这跟衣服也是一样的，速度都是之前积累起来的，所以之前的工作对现在还是有很大影响的，也有很大帮助，我也知道了该怎么做才能更快。就是之前做的那个工作吸了很多有毒的气体，导致现在身体不是很好，有时候还需要吃药，这一年光吃药都需要不少的钱。"

我也不免有些心疼，说道："李阿姨，您现在干活也别太累着自己，您儿子也结婚了，您也有孙子了，好好享福就行了。那您儿子他们现在是在哪里住呀？您在外面买房了吗？"

旁边阿姨一听我这样问，便紧接着说道："人家孩子很有本事，前两年都已经在县城里买房了。"李阿姨说："现在咱们村在县城里买房的还不少呢，都赚到钱了，最近这几年都去县城里买房了，房价也是嗖嗖地往上涨，原来每平三千多现在都涨到六千多了，翻了一倍。还好我们那时候买的还没那么贵，也算是买对了。"

看着李阿姨的状态，我问李阿姨是否满意现在这份工作和现在的工作状态。

大家听到我这样问都哈哈大笑，接着七嘴八舌地说起来，有的说有什么满意不满意的，能够赚点钱就行了，在家里除了做饭刷锅、忙农活，平时在家没事就来干活，挺好的。有的说咱们都是农民，有点活干能赚到钱就行了，满意不满意都无所谓。有的说很满意啊，离家近还可以打个工，赚多赚少的都是自己的，每个月发的工资拿在手里，心里也踏实。

李阿姨也说道："我是挺满意的，不管咋样自己能赚钱，能赚到钱才是根本，赚不到钱都是白搭。但是现在也不像以前了，生活条件好点了，赚到钱了也会适当出去玩玩，去旅旅游。前几天我们这儿干活的好几个人就一起去云台山旅游了呢，放松放松心情，出去玩玩，也能看看大自然，看看风景，比天天在家强得多。"

离开之后，我也陷入了沉思。在以前对于农民工来说，好似心里只有赚钱养家的责任，她们没有多余的时间和精力去慢慢地享受生活的乐趣，没有多余的精力去追求自己想要的生活，生活的重担已经把她们压的站不直身体，眼睛里没有光，心里也没有希望，只剩下对金钱的向往。

然而目前这种状况已经有了很大的改善，农民工埋头苦干，在赚钱养家的同时，也能偶尔抬起头看看风景，看看世界，偶尔分出一些时间和精力去享受一下生活，感受一下大自然的魅力。这是一件多么不容易的事情，这是国家日益昌盛，民族不断壮大，城市逐步发展，农民工逐渐走上幸福之路的见证。

访谈员手记：

农民工是一个庞大的群体，男性农民工在工地上所占的比重很大，而女性农民工因为体力有限，相对较少从事工地的工作，更多的是在服务业、工厂里和家里，年轻的可以外出工作，年长一些的因为有照顾家庭的责任而无法外出务工，李阿姨就是如此。一方面，由于家庭的需要，儿子和儿媳在外务工，无法照看孩子，只能把孩子留在村子里面由李阿姨照看，身为奶奶的李阿姨需要担负起照看孙子的职责，便回到家里来照顾孙子。另一方面，由于之前的工作环境有一定的毒性，对李阿姨的身体也造成了一定的影响，导致李阿姨的工作选择有了一定的限制，不能长期在外务工，所以李阿姨就选择回流到了本村。这样李阿姨既可以照顾孩子，也可以赚一些零花钱，满足日常生活的开销。

随着乡村产业的不断发展，制作反光衣的产业已经渗透到各个村中。对产业稀少的农村地区来说，工作岗位极其稀少，而这样一个小厂安扎在各个村庄，能让在家出不去的村民们在空余时间工作，赚取一些费用补贴生活。每个村庄的小厂虽然零散，但是归根结底都是由一个大厂统一管理的，负责人会在大厂领取材料，然后分配给各个村，会有统一的发货时间和交货时间，统一的制作流程和制作手法，所以这样形散而神不散的产业也在农村发展壮大开来。越来越多乡村产业的发展也能为农民提供更多的工作岗位，带给农民工更多的就业选择。

随着城镇化水平的提高，农村的人口也在不断地向城镇转移，在城镇能够享受到更好的教育资源，更多生活上的便利。农民工通过自己的努力，在收入上有了一定的提升，也会选择到生活条件更好、生活设施更完备的地方生活。较远的市区房价更高，难以购买，就选择空间距离相对更近的县城，房价也更为合理，农民工也更容易接受。所以，越来越多的农民工选择在本县城购房，这也成为一种趋势，代表着城镇化水平在不断提升。

（访谈员：邓亚利。访谈时间：2021 年 2 月）

8.2　访谈案例二：学习改变命运，陪伴促进回流

受访者基本情况：

性别：男

年龄：36 岁

籍贯：河南新乡

婚姻状况：已婚

文化程度：初中

打工时间：2006 年至今

打工地点：山西、陕西等周边省份

打工类型：建筑工人

回流地点：河南信阳

回流工作：安装工人

天气越来越冷了，已然进入了寒冬，刺骨的寒风呼呼地吹着，西北风像刀子一样刮过人们的脸，村子里的树木也在吱吱作响，平时活动乱跳的孩子们也都躲进了屋里不愿出来玩耍，路上偶尔会出现一两个出门办事的人，裹着厚厚的军大衣，蜷缩着身子匆匆前行，其中就包括小海叔叔和我，在寒风中骑着电车艰难的前进，每天早上七点准时出发，一直到下午五点回家。之所以每天如此，是因为我和小海叔叔都在一个驾校练车，他和我一样，在利用这个寒假考驾照。有一天在驾校练车看到了他，他刚刚考完了科目一，正在着手准备科目二，即使多年未见，他的样子我还是一眼能认得出来，小时候的印象是很难抹去的。

小海叔叔年纪并不大，有 36 岁，只是在村子里辈分比较长，所以我喊他叔叔。刚开始几天我们只是简单地打了招呼，后来时间长了，在一起的时候经常交谈，会聊很多，有一次他问我现在在哪里上学的时候聊到了他的工作，发现小海叔叔也属于回流农民工，我就向小海叔叔说明了情况，小海叔叔便欣然应允。

我问道："小海叔，您之前都是在哪里、做什么类型的工作呀？"

"我在这之前去过好几个地方干活，比如山西、陕西，基本上都是一些邻近的省份，没怎么在省内工作过，之前就是一直跟着我爸在工地上干活，他身体不怎么好，是做的搅拌工，干轻一点的活。我身强力壮的，可以多出点力气，正好架子工需要身高马大的人来干，赚的钱也能比平常的小工多，所以我就做了架子工。你可能不知道是干啥的，我和你说啊，就是在工地上墙体的外围搭一圈的架子，从底层一直到高层。这样工人们在墙面上粉刷或者做什么的时候可以在架子上进行工作，不然没有办法干活。搭架子其实也挺累的，一根钢管又长又重的，要是瘦一点的根本干不了那活。我虽然受得住，但是也是每天晚上结束后累得不行，不过唯一的好处就是能多赚点钱，我和我爸两个人一天也能挣不少钱。"

"我也听我爸爸说过那活不好干，要不然我爸也想做那个呢，但是身体条件不允许。有的人干的时间长了身体都累垮了，那您现在身体还好吧？"

小海哥连连点头说道："说的没错，我就是身体累着了，现在经常腰疼，所以还是得稳着点干，年轻时候不显，年纪大了身体都是病，年轻时候拼命赚钱，老了用拼命赚的钱来看病，这样不值当。身体是革命的本钱，现在年轻人都是这样，消耗自己的身体，一言难尽呀，我现在都后悔那时候那么傻，天天傻干，落了个腰疼的病。"

我不禁说道："是啊，身体是革命的本钱，要是本钱都不爱惜了，以后可是要受罪的，那您之所以回到家里这边干活，是因为您身体不好才回家了吗？"

"也有这个原因，我的身体受不住了，也不想一直干搭架子的活了，这活不能一直干，以后老了受罪呢。我就想着以后要是老了一身病，那不是才麻烦呢嘛，孩子也受罪，还是得有一个好身体，老了能自己养活自己。另外，我想这种是出力活，没什么技术含量，只要力气大就能干，但是人不可能一辈子都能有那么大力气不是，我就想学个技术活，哪怕刚开始收入少点，时间长了也会好的，所以我就回到咱们省内找活干了。"

"您想的确实很有道理，不可能一辈子都干出力的活，那您在咱省内哪个地方，找的什么活干呀？"

"我刚开始来家里学装修了，跟着咱村的人，以前没学过啥技术性的东西，一直都是傻出力，感觉人都没有学习能力了，天天学的啥也不是，心里也有抵触情绪，学了一段时间感觉不太行，再加上我手笨，学得慢，然后就没劲儿去学了。我爸当时还劝我呢，好好学以后就不用出力了，跟当时我上学时候一样，让我好好学，但是就和读书一样，我学不会也可急得慌，也下不了决心好好学，也静不下心去学，没坚持多长时间就放弃了。后来我和初中同学聊天说了我的状况，他跟我说他家里有个叔叔在郑州汉森农牧科技有限公司，做和搭架子类似的安装工作，但是在猪圈里面安装，和我之前的搭架子相比轻巧很多，公司到时候会派遣到不同的地方去安装，我听了感觉还不错，也干不了其他活，就跟着那位叔叔去干了。"

"听起来是不错，那您被分配到哪里了呀？"

"我刚开始被分配到了四川干了一年多，后来我不想离家那么远了，那边的项目也干得差不多了，我就申请回到省内了，目前在信阳工作。虽然离家也不是很近，但是相比外省还是省内回家比较方便，也能照顾照顾家人。不然天天在外面跑，一年也就回不了家几次，我家孩子长那么大了，我都没陪在他们身边，错过了很多，全靠他妈在家照顾他们呢，说起来还是很愧疚的。孩子现在长大点了也懂事了，有时候和我聊天说话，说起来小时候我都不管他们，我心里听了也很不是滋味，心里也是百般后悔，不过他们也都能理解我在外面赚钱也很辛苦，我还是很欣慰的。"

　　我也欣慰地点着头，说道："孩子也慢慢长大了，他们会理解父母的，那您具体是在猪圈里面安装什么架子的呀？"

　　"我具体干的活就是给猪场安装架子，组建成自动化设备，这样以后喂猪就可以全自动养殖了，非常方便。我们是在一个新盖好的猪场里面，先安猪场围栏，再安装自动化的各种架子设备，安装定量杯，到时候喂猪就可以按照一定的量进行喂养了。我和你说你可能也想象不到什么样子，你看看我之前拍过的照片就知道了。"

　　"不过我现在感觉以前没上学都后悔了，和公司里面的一些技术人员在一起，人家都有学问，我就像个大老粗一样，还是因为以前没上学，现在用到知识的时候才觉得重要呀。你看看你现在多好，你要好好上学呀，以后找工作啥都可以干，有学问走遍天下都不怕，没学问啥也不是，只能做一个普普通通的农民工，干的苦活累活，拿的工资却是最少的那个。我们那公司里有一些大学毕业的干的时间长了的一个月都能拿好几万，他们就只管检查检查我们安装的设备是否合格，安装的定量杯是否合格，我们天天在猪场里面干活，他们坐在办公室吹着空调冬暖夏凉的，轻轻松松地就把钱拿到手里了。你以后毕业了随随便便都能找个好工作，肯定也是坐在办公室里面的，比我们这些不上学的人强太多。"

　　听着小海叔叔滔滔不绝地说着自己的遗憾，我也说道："我们也是有很多专业限制的，不过相比起来确实是比不上学的好很多，最起码不用干出力活了，以后您孩子肯定也会好好读书，有个好工作的。"

　　他说道："以后就看我孩子的了，我是不行了，我经常和我的孩子讲，就像我小时候我爸爸妈妈天天和我讲的一样，我孩子比我争气，现在学习很用功，希望他们能够看到知识的力量。"

小海叔叔很开心地笑着，可能是想到以后他的孩子会好好读书，不会再像他一样靠着出力气赚钱，而是找一份体面的工作，坐在办公室里面风吹不到、日晒不到，像他羡慕的那些技术人员一样轻轻松松就能把钱赚到。也可能是想到以后自己的孩子不用待在家里，能在外面到处闯荡，能感受到世界的精彩。是的，学习不是唯一途径，但是却是改变社会阶层最快的途径，农民工朋友们也希望他们的孩子好好学习，因为学习真的能让人拥有独立的人格，养成良好的习惯，养成优秀的品质，做一个对社会更有用的人才。

访谈员手记：

像许多选择回流到省内的农民工一样，小海叔叔也选择回到了省内务工。这是因为他考虑到之前的工作靠卖力气来换取生活费，太过于辛苦劳累，一时可以，长期如此的话他的身体会吃不消，他也不想等到年老的时候全身是病，需要花费一大笔钱来维持身体健康。同时他也考虑到靠卖力气不是长久之计，总有一天力气会减弱，从长远的角度来看这不是一个划算的买卖，还是需要通过学习来掌握一门技术，有技术傍身，即使年长了也可以靠技术吃饭。随着孩子不断地长大，越来越懂事，小海叔叔也十分遗憾孩子更小的时候没有用心陪伴他们，趁着孩子们现在还未成年，还有机会弥补之前的遗憾，因此小海叔叔选择回到了离家更近的省内务工。因为公司的业务需求，小海叔叔便到了目前所在的地方工作。

养殖产业在农村发展得很迅速，越来越多的农民希望通过养殖而赚取生活费，小海叔叔那样的工作岗位随之而生，养殖所用的自动化设备也在不断地升级，节省了大量的劳力和物力。农民工朋友们没有学问，不懂这些技术，只能凭借着一身力气而讨生活，所以他们也在担心着被淘汰这个问题，自己小时候没有读书，没有通过上学改变自己的人生轨迹，他们也只能把希望寄托在自己孩子身上，希望自己的孩子通过学习丰富自己，通过学习改变自己的生活。

当然，农民工的生活条件在近些年有了很大的改善，原因就是城镇化速度的加快，整体劳动力价格也有所提升，农民工靠自己的劳动力打工赚钱让生活有了很大的改善。当然更重要的原因是国家对"三农"问题的重视，在重大会议上多次强调"三农"问题的重要性和应对措施，实施乡村振兴战略和精准扶贫战略，落实拖欠农民工工资的惩罚措施，重视农民工朋友们的切身利益。国家在不断发展的同时，农民工朋友们也在国家的庇护下走上了通往幸福的道路。国家的发展我们每个公民都可以感受到，当然农民工朋友们也可以切身感受到国家的强大带给他们的好处。

（访谈员：邓亚利。访谈时间：2021 年 2 月）

8.3 访谈案例三：有家人的地方才叫家

受访者基本情况：

性别：男

年龄：25 岁

籍贯：河南新乡

婚姻状况：已婚

文化程度：初中

打工时间：2011 年至今

打工地点：深圳、新疆

打工类型：工人、烧烤店店员

回流地点：本县城（原阳）

回流工作：烧烤摊主

　　大年初一的早晨，大家都早早起来去村里给年长的长辈拜年，路上到处都是人，热热闹闹的，这可能是一年来路上行人最多的时候了，在村里拜了一圈的年，我和家里人就回了家。到了家发现门口停了四五辆车，我好奇地往家里面走，看到一院子的人。原来是我们本家的亲戚开着车来给我八十多岁的爷爷和奶奶拜年来了，之所以开着车来是因为爷爷之前是隔壁村的，但是奶奶家在这边，所以跟着奶奶生活了，但是爷爷家的亲戚还都在原来的隔壁村，虽然不在一个村生活，但是这打断骨头连着筋的血缘关系改变不了。

　　我也招呼着各位亲戚们，虽然有很多我不认识，但是一眼我就看到了小时候曾在一起玩的少辉哥哥，我俩小时候在我们村上同一所小学，他妈妈在他很小时就抛弃了他，从小是跟着爸爸生活的，爸爸对他也疏于管教，小时候任由他调皮捣蛋。从前他总带着一副无所畏惧的面孔，但是现在看起来好像稳重平和了许多。因为许多年没有联系，我上前和他打招呼他愣了一下之后才认出我来。原来他之前一直在新疆工作，上一年回到了我们县城工作。我发现正符合访谈对象的要求，我便和他说明了情况，得到他的同意之后便聊了起来。

我问道："少辉哥，那你以前为什么会跑到新疆去了呀，距离家里还挺远的，回家也不方便，而且那边的习俗你会不会不习惯？"

少辉哥哥说道："刚刚不上学那会儿也没有去新疆，一直是在深圳电子厂打工呢，不过后来我一个朋友跑到新疆那边开了个烧烤店，生意挺不错的，他攒了点钱准备再开一个烧烤店，但是他一个人忙不过来，想着让我和他一起去新疆那边帮帮他的忙，去了当店长帮他照顾店。我当时想着去哪都是去，去那儿帮帮他的忙肯定也能多赚点钱，所以就去了新疆。风俗习惯这些的我都还好，皮糙肉厚的，去的地方比较多，到哪里也都能适应，不会吃不惯和住不惯的，而且那里的人也挺喜欢吃烧烤的，生意也都还不错，就一直在那儿干了下去，就是离家有点远，来回路费也不便宜，但家里也没啥事，所以那几年只有过年的时候才回家。"

我赞叹道："少辉哥哥你真是挺努力的呀，每年只有过年那几天才回来，既然那边生意也不错，也能赚钱，你也能适应那边的生活，你为什么会选择回到咱们家里这边干活呀，而且还是在咱们县城？"

他回道："之所以回来是因为家里人一直催着我相亲结婚，在家里二十三四岁的年纪没结婚都已经算是岁数大的了，每年回来的时候就那几天都会相亲好几个人，其中有一个我俩聊得不错，俩人也都愿意，也都奔着结婚去的。但是她和她家里人都觉得我俩距离太远，要是结婚的话两个人分居两地，这样不好，我也想着既然要成家，两个人肯定不能一直这种状态，要么她和我一起在那边打拼，要么我回到家里这边工作。经过深思熟虑后我选择回到咱们家里这边工作，一是觉得毕竟家人都在这边，亲戚朋友也都在这边，有家人的地方才叫家。在新疆工作也不会在那待一辈子，最后还是会回来发展的，那还不如趁早回到家里这边发展。二是觉得如今县城发展得很好，配套设施也很全面，医疗教育也不错，也有越来越多的人在县城买房，在县城生活，更多的人聚集，自然就会有更多的商机。在新疆工作也是工作，在家里发展说不定以后比在那边更好呢。所以就选择回到咱们县城工作，上一年刚结的婚，你嫂子也和我一起在县城呢！"

我笑着祝福少辉哥，接着说道："下次带嫂子一起来我家玩呀，下一年说不定我就当姑姑了呢，哈哈，那你们现在是在县城做的什么工作呀？是在县城买房子了，和嫂子已经住在县城了吗？"

少辉哥哥也笑着回道："你不知道吧，今年下半年你就当姑姑了，到时候欢迎你去我家玩呀。我们去年结婚之前已经在县城买了房子了，想着以后在县城工作呢，长期家里县城来回跑不方便，一直租房子也不太好，而且房子一直涨价，买了也不会亏，所以就付了房子的首付款。之前一直在装修，在县城租房住，年前刚装修好就住进去了。现在我和你嫂子在县城还是做烧烤的生意，不过不是给别人做了，自己开了个店，人还挺多的，生意也不错，我自己一个人忙得过来，忙不过来的时候你嫂子也会帮我，平时也没让她干太多活，我自己都干了。"

我接着说道："那你真是会心疼嫂子，不过你为什么还会继续做烧烤这个生意呢？以前的工作对你现在有什么影响吗？"

他说道："那毕竟之前在新疆干了几年，也学了一些技术，也有了经验，相对于别的行业来说还是更熟悉一些的，干别的也有风险，不如继续做这个，这个也挺赚钱的。而且我也没怎么上学，初中没毕业就不上了，没什么学问，咱这号人去干别的有技术含量的工作也不会，找别的活去给别人打工吧也不自由，还是不如自己开个店，苦点累点的也没关系，干多干少都是自己的，也都还年轻着呢，正是打拼的时候。说影响的话肯定是有一定影响的呀，一方面开店的钱就是以前打工时候赚到的钱，不然哪来的资金来开店呢。另一方面，也帮我确定了做这个烧烤生意到底怎么样，能不能赚到钱，我也有了一定的了解。而且做店长时候就是和自己开店差不多，都需要我来操心的，所以锻炼出来了，现在做起来自己的店也得心应手，要不然现在肯定不会这么熟练呀。再者，在新疆做的烧烤比家里做的烧烤要好吃很多，我在那时候也学了一些方法，所以现在会用到之前的方法，肯定比周围人做得更好吃一些，回头客自然也会更多，所以我家的生意比别人家的生意也更好一些，赚的钱自然就更多了。"

我说道："那确实是哈，有经验了也会更加熟练，自己开店也会更好一些，那你是准备以后一直做这个吗？还是说只是暂时做这个工作呀？"

他说道："这个还不一定呢，我现在还不确定以后到底会怎么样，毕竟现在发展这么快，一年一个形势，过几年之后也不知道会变成什么样子呢，不过近几年我是准备继续做这个。如果继续保持这样的生意或者更好的话，我会攒钱再开个店，也找个人来帮忙，如果两个店的生意都不错的话，两个店铺总是比一个店铺赚的钱多呀。就像我之前在新疆那个朋友，人家现在都已经开了四家店了，都请了别人去帮他，全权交给别人来打理，给别人开更高的工资自然有人去干，就相当于他提供了资金开店，提供技术把你教会，经营和干活都是你来干。这样他能赚到钱，别人也能赚到钱，两厢情愿。"

我心中暗自赞叹，说道："那还是挺聪明的，都能各得其所。你现在的日子也过得很舒服呀，这是你努力的结果呀。"

访谈员手记：

不知不觉我们聊到他们该回去了，告别了少辉哥哥和各位叔叔伯伯，我便回到房间边回想边记录着我和少辉哥哥的对话。脑子里不禁重复少辉哥哥说的一句话：有家人的地方才叫家。农民工朋友们四处漂泊，当自己一个人住在出租房里的时候，或者住在工地上铁皮瓦搭建起来的临时房里时，总会觉得空荡荡的，始终是少了点什么，不错，缺少的不是别的，正是家人，没有家人在，无论到哪里住，那里始终都只是冷冰冰的房子而已，因为有家人的地方才叫家。

如今乡村里面年长的农民工朋友们更多的还是做着盖房子的工作，而年轻的一代，很多人不愿意也不喜欢在条件艰苦的工地上工作，他们选择寻找更为轻松更为赚钱的途径来谋生。就像少辉哥哥一样，选择做点小生意来填补家用，虽然会比较忙碌，但是不用像在工地上那样出很大的力气，消耗身体来赚钱。家人们都不在新疆，少辉哥哥在新疆工作也只是暂时的，都只是为了谋生不得不外出务工，毕竟有家人的地方才叫家，不论到哪里，家都是根，家是一个人情感和肉体的归属，如果条件允许，也一定想要离家人们更近一点，在一起生活，也能相互照顾。再加上如今县城发展迅速，在县城里买了房子，做生意也比较方便，所以少辉哥哥选择回到了县城。

现代化越来越普及，我们的身边也充满了机会，可能目前来说做生意没那么简单，但是只要看准了时机，瞅准了机会，也愿意付出辛苦来努力，即使不能高枕无忧，也能不愁吃穿，相对于以前吃不饱穿不暖的日子已经好太多了。2020年因为疫情的影响，国家为了鼓励个体户尽快地恢复经营，为了让市场尽快地活跃起来，也在大力鼓励地摊经济的发展，我们农民工朋友当中也有越来越多的人选择通过这个方式进行谋生。练地摊成本低、灵活性强，也没有了城管来严格管控，这样可以做些小生意来养家糊口。不管是地摊经济还是个体户，都是国家政策鼓励的结果，农民工朋友们从中也受益匪浅。

（访谈员：邓亚利。访谈时间：2021 年 2 月）

8.4 访谈案例四：还是老家好

受访者基本情况：

性别：男

年龄：35 岁

籍贯：河南省三门峡市卢氏县

婚姻状况：已婚

文化程度：初中

打工时间：2003～2014 年

打工地点：郑州

回流工作：建筑工人

回流地点：河南省三门峡市卢氏县

回流工作：快递员

刚放寒假，我便开始积极搜寻适合的采访案例，考虑到疫情防控，我决定先从我家的邻居开始搜寻。2020 年腊月二十六，窗外阳光明媚，天气干爽，我出门倒垃圾的时候，刚好碰见邻居宋叔叔在楼下和孩子晒暖儿，我立马想到宋叔叔曾经在外打工，近几年才回县城里工作，刚好是个合适的采访对象。当我主动告知来意后，宋叔叔欣然同意，和我聊起了以前打工的日子。

"叔，您是很小就出去了吗？是自己想出去的吗？"

"我十六七的时候就出去了。那时候我初中毕业，成绩不好，家里也没钱，不想再上学，当时我爸在家务农，我一毕业啥也没想，就回去种地了。但是你也知道这种地，靠天吃饭能得几个钱？（宋叔叔指了指县城周边的南山）咱这儿山多地少，我一家四口人，一共才一亩多地。我在家种了一年小麦、玉米，一年下来挣了一千多块，靠这钱一家人也饿不死，但是家里也没有多少存款。我当时还有个弟弟上小学，脑子聪明，成绩不错，这得供着，以后俩儿子结婚娶媳妇、盖房子，要钱的地方多得很（说起当初的外出动机，宋叔叔哭笑不得地说到）。当时我村有个表叔在郑州工地打工，挣了点钱，回老家起了两层砖房。村里人一看就炸锅了，都说出去打工好，能挣大钱。当时村里和我一样在家种地的年轻人都羡慕得很，一窝蜂地都想出去打工，我也就跟着伙伴们，觉得出去见见世面也挺好，也没多想，就跟着去了。"

"我平时看咱县城里在建小区工地上的活很多，您当时去郑州工地上都干过啥？"

"刚去的时候，一群小伙子啥都不会，包工头让我们就干杂活、扛东西，后来跟着工友学习搅水泥，再后来为了多赚钱，扎钢筋、贴片、抹灰、涂料这些都干过，这都是跟着学学就会的活，然后就是天天泡在工地里，天不亮就起来，半夜才睡，一干就是十几个小时，一年就过年休息几天，过完年接着回工地上干，当时满脑子都是挣钱。"

"看来您当初受了不少苦啊，您在工地上干活最大的感受是啥?"

"一是又累又危险! 身体累，心也累。吃吃不好，睡睡不好，包工头死命压榨人。吃的是大锅饭，做饭的师傅是包工头的亲戚，做饭死难吃，光能吃饱。住宿都是大通铺，十几个小伙子住一个屋子，一群人也没条件讲卫生，夏天屋子臭得很。这些都算了，工地上干活，哪有好条件，但是工地上好些活干着危险啊（说起这话，宋叔叔脸色不太好，仿佛心有余悸）。不说工友了，我右手大拇指都被工具割过，大拇指指头差点就掉了。这还是幸运的，有一回大夏天赶工期，中午不休息，大家都在大太阳下干活，我队里有个人中暑，直接从脚手架上掉下去，亏得身上绑的绳子结实，要不然一头扎下去命就没了。之后我就开始觉得这工地上的活难干，还干不长久，我在这干活，万一哪天出了事，家里咋弄?"

"还有就是工钱难要! 这工地上是包工头去接活，咱工程队先干活，干完再结钱，干的时候都说的好听，等工程干完了，包工头要是有本事，要到工程款，这工钱就发下来了，要是遇到那不是人的老板，发不出钱，人直接就跑了。咱给人白干活，拿不到钱，找谁要钱去，就算是打官司，拖得时间长不说，钱不一定能要回来。"

"确实，这工地上工资不好结，我经常看见有工地欠薪的新闻，这活干着太不容易了，所以您是因为这回来的吗?"

"（宋叔叔摇摇头）不是因为这，咱没学历，家里又没钱，只种地又养不起家，不打工不行。我刚开始想回来是我结婚的时候，我和你婶子都在外边打工，结婚的时候两家人商量着，这结婚得有新房啊，我家里合计了一下，这要么在县城里买个房子，要么在老房子基础上再起几间屋子。"

"然后你婶子说：'咱俩总是要回来，家里老人年纪也大了，在村里头看病什么都不方便，咱在郑州也买不起房子，为了以后小孩上学考虑，咱得在县城里买房子。'那年我俩就直接先在家停了俩月，专门去城里卖房子的小区都看了看，挨个问了问，最后商量好买了咱小区的房子。"

"咱们还真是有缘，刚巧就成了邻居，那你结婚后就直接回来了吗？"

"（宋叔叔摆了摆手）没有，这房子买了还得装修啊，又得好几万，所以我俩又在外边干了几年，结婚后两年我俩有了孩子，老人也不在身边，你婶早年打工累着了，生完小孩后身体不太好，孩子得有人照顾，我就不再去郑州工地打工了。"

"那您回来又开始干嘛了？"

"咱在外头打工，就对工地上的活熟悉。刚回来，我也不知道还有啥别的工作要人，我也不着急，在咱县城周围几个小建筑队里，给人家帮帮忙，先干着老本行，赚点钱。"

"那您怎么后来开始送快递了？"

"我回来后，也没有接太多工地上的活，有空了就在咱县城里转转。后来看到咱县城南环路那里，离咱小区五百米的地方成了快递一条街，扎堆开了好几家快递公司，招的人挺多，待遇还行，主要是离家还近，方便我照顾家里的老人、小孩，我就转去干快递员了。"

"送快递的工作和工地上比怎么样？赚得多吗？"

"当快递员肯定没有在工地上挣钱多，但是都是赚的辛苦钱。我送快递负责的是咱附近这五个小区，一天能有一百多个包裹，按件计费，派个件能挣个两块钱，一月下来也就是两三千。但是送快递不用像在工地上拿命干，不用担心哪天包工头跑了，比在工地里安稳多了。"

（说到这，宋叔叔脸色比之前说起工地上的日子舒展多了，即使宋叔叔没有再详细地说，我也能感觉到宋叔叔当初在工地上生活艰难。）

"您接下来打算继续干快递员吗？有没有想过换别的？"

"我这种没学问的人，也就能干得了工地上、工厂里的活，或者当当快递员、外卖员，这些都差不多。我当初在工地上就明白，大鱼吃小鱼，小鱼吃虾米。这给人打工的，都不如当老板滋润。这包工头不是一般人能当的，而且我回来这几年，当快递员也熟悉咱县城环境了，工作流程也都清楚，家里之前打工攒的钱还剩一部分，咱县城现在东边的快递点比较少，我打算加盟下我所在的快递公司，在东边承包个营业点，咱也当当小老板，也多赚点钱。"

此时，宋叔的孩子已经开始吵着想回家看动画片了，宋叔叔开始哄孩子了，我明白采访应该要结束了。向宋叔叔说明后，我帮忙牵着孩子的手，三人一道上了楼，回各自家中了。

访谈员手记：

分析宋叔叔的经历，发现他选择回流的原因一是当建筑工人工作太辛苦。随着宋叔叔年龄增大、身体机能下降，在工地工作越发危险，宋叔叔不想像工友似的出事故。二是宋叔叔觉得在建筑工地工作不稳定、不长久，所以选择在有一定积蓄后回乡。三是因为乡土情怀和家庭需要。宋叔叔的父母兄弟等亲戚都在老家，在父母逐渐年迈、需要人照顾的时候，他的第一想法就是回环境较好的县城里，经多方打探后，还在县城里买了房。当时国内物流业蓬勃发展，宋叔叔在县城里安家时，正值多家物流企业入驻卢氏县城，且距家近，工作稳定，方便照顾家里，最后选择回流后当快递员。

从宋叔叔年少离家的经历开始，我感受到了宋叔叔那一代打工人在工地上经历的辛酸。前几十年，一批批的农民工进城务工，各地城市建设都多亏他们的辛勤劳动，但是由于当时法律不健全，有很多农民工没能拿到自己应得的血汗钱，还有不少农民工在不规范的工地上受伤，甚至失去生命，现今即使社会各界都关注到农民工的种种困境，但是欠薪、出安全事故的新闻仍然屡见不鲜。我希望今后能出更多规范工地业界的法律法规，即使无法抚平像宋叔叔这样打工者的心灵伤痛，也希望能减少这种情况的发生。

当然，在近两年国家政策的鼓励和引导下，像宋叔叔这一代的回乡者已经开始计划自己开店，自己当老板。但是像宋叔叔这样的创业起步人，只有打工经历，开店经营经验不足，仍然需要政府的支持，我希望政府能多开一些小型的创业交流会，让更多的打工人都能翻身做老板，也为我国社会主义建设增添活力。

（访谈员：韩怡然。访谈时间：2021 年 2 月）

8.5 访谈案例五：回乡开店更自在

受访者基本情况：

性别：男

年龄：31 岁

籍贯：河南省三门峡市卢氏县官坡镇

婚姻状况：已婚

文化程度：初中

打工时间：2005～2016 年

打工地点：陕西西安、北京、河南南阳、浙江宁波

打工类型：厨房帮厨、保安、销售员、工厂数控

回流地点：河南省三门峡市卢氏县

回流工作：经营早餐店

寒假期间，我通过询问周围亲戚，寻找回乡创业的采访对象，几经周折，我联系到了在县城里开店的亲戚郭叔叔，在提前沟通请求后，他同意了我的采访。

2021 年正月初九早上我避开客流高峰，十点左右到郭叔叔开的广州石磨肠粉店进行采访，刚到马路对面就看到郭叔叔和他妻子两个人正在努力工作（门前停着几辆客人的电动车，店门口摆着豆浆摊和做肠粉的机器）。和他们打过招呼后，我坐到了屋子里面，安静地等待合适的采访时机。

即使已经十点钟了，店里仍然忙碌，仅就这打招呼的功夫，店里又来了三个客人，怕我一直等着无聊，郭叔叔先请我尝了尝他家的肠粉以及黑芝麻豆浆（一份鸡蛋肠粉 6 元，一份豆浆 2.5 元）。我一边吃肠粉，一边开始观察郭叔叔的早餐店结构，整个店面积不大，仅能放下六张桌子，一张桌子配四把椅子，店最里边放着一台存放食材的冰箱。上午十点四十分左右，郭叔叔和他的妻子终于有时间开始接受采访，和我聊一聊他当年打工的故事（经过郭叔叔同

意，我打开了手机，放在一边进行录音）。

"郭叔，您是什么时候开始打工的？"

"我今年过完年 31 岁，15 岁初中毕业就出去了，没学历，啥也不会，最开始跟着一帮朋友去了西安，在一家饭店里帮厨，跟着师傅学习怎么配菜，后来我姐姐在西安开了一家饭馆儿，我就开始跟着姐姐干。"

"您一直在西安打工吗？还是又换地方了？"

"在西安就待了几个月，之后我又跑到北京东三环当银行保安了，在金融系统里当保安，工资虽然不高，也能顾住自己吃喝，相对轻松点，我在北京停了四年，每天上班就是在门口执勤两个小时，然后其他时间就在监控室里看着监控，人也不能乱跑。"

"那您后来为什么离开北京了呢？"

"我这工作又不像你这样，上学出来，找个稳定工作。我去哪儿干都没人管，年轻的时候，跟着朋友这儿转转，那儿转转（这个时候，郭叔叔取下头上戴的黑色鸭舌帽，长叹一口气），自己当时出去的时候太小了，没钱不说，连技术都没学到。这银行保安虽然没有重体力活，但是上班时间死，不自由，一天就跟拴在那儿似的。"

"您之后还干了什么呢？"

"后来又回省了，咱这儿离南阳近，我去那儿推销大米、面粉、食用油这类日用品，去过南阳市下边的所有乡镇，工作了大半年后感觉不错，本来想继续做下去。但是后来，我搭档的司机换了，然后这工作就出问题了。咱出去推销的时候，装钱的袋子都是在车上由司机看着，自从我换了新搭档，每天的账都对不上，每天都少个十几块，这种事也没证据，老板把账都压我头上，后来我就不在那儿干了。那时候咱亲戚很多都在宁波，我就跑去宁波打工了。我在那又停了一年，在轴承厂里做数控，这个是按件计费，干得多挣得多，我在那儿干得挺好的。"

"那您咋又回来了？是因为家庭原因吗？"

"有家庭原因，我结婚八年多，大儿子八岁，上小学二年级，小儿子快五岁，今年上幼儿园中班，一直打工，跑来跑去的也不是个事儿。本来大家出去打工都是想挣钱的，咱没挣到钱不说，还往里面赔了一万块。以前打工也能挣到工资，但是出去打工开销也大，光是宁波那会儿，咱在那儿的朋友亲戚都有十八人，隔三差五地聚，根本攒不下钱。"

"您为什么选择开肠粉店的呢？"

"咱都是亲戚，你也应该听说我大堂哥在西关开了一家早餐店，干了十几年，现在在碧桂园给两个儿子都买了一套房，家里还添了一台车，都是全款付的钱，所以我爸就劝我回来也开个店。我回来后跑遍整个县城，还去周边县市（渑池县、灵宝市等）的饮食市场看过，觉得那儿没有咱这人口多（其他县有很多年轻人都外出打工了，人口外流严重），最后决定回县城里干。"

"调查的时候我就想着，我哥那家店是豆浆包子店，每天调馅儿、和面特别费功夫，我哥一家为了开店，身体累出好些病，我决定换成别的早餐卖。咱在外边打工的时候也吃过很多早餐摊，这肠粉吃着清爽，大人小孩都能吃，工序比包子简单，我回来的时候，咱这儿很少有肠粉店，为了开店，我还特意跑到郑州找了朋友专门学了几个月。"

"学完后，我想着县城西边早餐店已经很多了，我就在东边开，开始也没有门店可以租，我就在咱现在店的门口支了个摊卖早餐，刚开始周围老板都不想我占着地儿，还好咱生意不重合（周围一家肉店，一家杂货店），后来商量着，也让我在这继续干下去了。"

"我在店对面租了个房子，每天早上四点半左右起床，为肠粉磨米粉、调汁儿，准备豆浆需要的食材，大概六点开始做生意，开了一年摊，和隔壁店老板相处得不错，就和人家商量后，给咱让出了这个店面。咱这个店才算是真的开起来了。"

"您回来开店的最大感受是什么呢？"

"最大感受是咱自己开店，不用看别人的脸色了。我当初打工的时候，天天看老板的脸色吃饭，就像我在南阳的时候，钱对不上账，能给谁说理。咱回来给自己干活，心里比在外边舒坦多了。"

"再者，回来后离家里老人也近了，一家团圆，孩子也不用跟着我跑来跑去，生活安稳多了。"

"您这店开着遇到过什么问题吗？"

"以前在外边，看见有的老板开网店、送外卖，我也在美团上试过，但是美团要 20% 分成，要价高，咱家卖的是肠粉，经常是肠粉做好了，骑手一直不来，时间长了，肠粉把汤汁儿吸走了，味道就不好了，很多顾客都在美团上留言反映过这个问题，后来我看咱这隔壁就是幼儿园，北边是东城小学，旁边有法院、纪检委、财政局这几个单位，周围还有几个小区，人流量还可以，而肠粉确实经常等不得，不太适合送外卖就把美团点给关了。"

"而且时间长了，开店的工作都熟悉了，食材的量也能把握好了，咱这早餐店也不用全天守着，一般只开半天，后半天我们把店一关，就可以出去逛逛街，陪陪家里人。不用和当保安的时候一样，天天捆在上班的地方，比在外打工自由多了。"

"（这个时候郭叔叔露出了欣慰的笑容）我今年开店也有五年了，我打算在旁边庐州府买套房子（县城里一个在建的中高档小区），以后也不用再租人家的房子住了。"

采访到这时已经是十一点半了，店里的最后一份肠粉刚刚卖完，我看着早餐店马上就要关门了，采访也已近尾声，就结束录音，开始向郭叔叔辞行。"我看您家东西都快卖光了，您和我婶子也累了大半天了，我也不打扰您休息了，我就先撤了，等我放假回来咱再见。"

我谢过郭叔叔一家的午饭邀请，自己骑电动车回家了。

访谈员手记：

像许多农民工有了一定积蓄后回流工作不一样，郭叔叔回乡的主要原因是在外打工多年没挣到钱。郭叔叔在外打工时由于时常换工作，经常和朋友出去吃饭喝酒，不仅没能攒下钱，家里还补贴了他一万元。在宋叔叔第二个孩子出生时，养家负担加重，想换一份稳定、有钱挣的工作，那时宋叔叔的大伯靠开早餐店，挣了不少钱，在县城里全款买了两套房子，宋叔叔和家人商量后，决定效仿亲戚，回乡开早餐店。之所以选择回到县城里，而不是周边县城，一是县城里地形熟、熟人也多，开店的前期准备工作好做。二是周边县城年轻人口流失比较多，年轻人多外出打工，没有卢氏县城里开店基础好。三是县城里教育、医疗等基础设施和公共服务完善，无论是孩子上学、还是老人看病都很方便。

整个采访过程中，郭叔叔和他的妻子时时感叹自己年轻的时候，上学没上好，什么都不会就出去打工，钱也没挣到，技术也没学会，不像我现在上大学以后可以有个安稳的工作。

这让我想到了很多外出打工的农民工们，他们年纪轻轻就出去了，没有学历，很多人日子也过得糊糊涂涂，年轻的时候也不知道怎么学技术，工作经历多了后，通常是各种简单工作都做过，但是却没能精通一门技术，即使是在工地上或者工厂里干活，也只会流水线上的一种活。

如果想回乡后自己开店做老板，需要的是一定资金（很多农民工拿不出来）或者能支撑起一个店的技术（例如为了节省成本，很多五金店老板本身就精通各种维修方法，可以为顾客上门服务），那些没钱没技术的农民工如果选择回乡，在县里再就业的选择就会十分有限，很多人为了继续生活，只能一直为别人打工，遇上黑心老板，或者被别人欺负的概率也较大。

地方政府应该利用春节前农民工暂时回家的空隙时间，多在县里开展技术培训班。当地人力资源部门应该多方联系用工单位收集岗位资料，针对返乡农民工的实际，进行个别推荐和进场求职相结合，提供更多的就业机会。同时应多在农民工能接触到的人力资源市场或者培训班宣传各个金融银行可提供的资金贷款，帮助没有启动资金的返乡农民工。此外，要积极协调工商部门和税务部门，为返乡农民工创业开辟"绿色通道"，在办理工商营业执照、落实相关税费减免政策等方面提供方便，切实帮助返乡农民工创业。

（访谈员：韩怡然。访谈时间：2021 年 2 月）

8.6 访谈案例六：照顾家人才是根本

受访者基本情况：

性别：男

年龄：49 岁

籍贯：河南漯河

婚姻状况：已婚

文化程度：初中

打工时间：2000～2018 年

打工地点：广东广州

打工类型：工地搬砖，鞋厂，电子厂，厨师

回流地点：本村

回流工作：经营农家乐

过年的时候回了一趟奶奶家，正好赶上三姑父一家也回去了，想着正好趁这个机会问一问姑父这些年在外面的打工经历，回去也好尽快整理出来。我向姑姑姑父说明了缘由，他们虽然还是有点不太理解，但姑姑姑父都是老实人，都说要支持我学业上的事情，让我尽情问吧。我就开始整理本子做好记录的准备，姑父也正襟危坐，但从他紧搓的双手中我还是感到了他的紧张，我告诉姑父别紧张，就像聊天一样，咱俩聊一会儿就行了，于是我的访谈就在这样的氛围中开始了。

姑姑坐在姑父一旁，也特别紧张，她告诉姑父："你就把自己以前在广州的那些经历讲讲就好嘞。"

姑父说他是 2000 年左右去的广州，那时候第一个孩子刚出生，姑姑和姑父两个人都没有正式工作，家里特别穷，孩子都快养不起了，姑父就觉得再苦不能苦孩子，得赶紧赚钱，看周围人都南下打工，就也决定出去了。这一走就是三年，一开始是在工地上搬砖，每天从早上干到晚上，累的回去倒头就能睡，因为是体力活，姑父说每顿饭都能吃特别多，但饭不够，不管饱，经常干活干得眼前发黑，有时候还要爬高上梯的，一个不小心从几十层高的楼上摔下去命就没了。姑父说那时候他身边这样的事时有发生，一开始会有触动，后来见多了就麻木了，每次破布一盖家属来闹一场，然后把尸体抬回去就是协商赔钱。姑父说他那个时候也想过自己要是也这样没了至少人家还能赔妻子孩子一笔钱，也没白死。

姑姑听到这儿突然抹了几滴泪，我忙停下来安慰姑姑，让他们俩缓一缓。

姑姑说就这样坚持了一年，过年回去的时候女儿都一岁了，姑父说他当时看到女儿就觉得再苦再累都是值的，但我姑姑当时看到姑父又瘦又黑，就心疼地一直哭，过完年回广州，姑父也觉得再这样干下去身体支撑不了，不能再这样了。姑父说那时候不是自己怕死，是怕自己没了后，妻子女儿就没个依靠了，于是姑父毅然决然辞了工地上的工作，开始找别的工作。那时候为了省钱，天桥下面大街上都睡过，铺盖一展，到哪都是一夜，饿了就啃一个馒头喝点白开水，姑父说那时候什么都不会，但就是胆大，看见人家招什么都敢去试一试，然后就在其他人的介绍下去了制鞋厂。姑父说一开始去的时候跟着人家学，觉得怎么这么难，自己手怎么这么笨，就是做不好，经常被扣工资，姑父说那时候为了争口气，就下决心一定要干好，后来姑父在那里一待就是两年，过年回去的时候姑父给家里装了空调，姑父说就想让家里日子好过一些，自己吃苦不算啥。

说到这里我问姑父是不是还给我们几个都带了溜冰鞋，姑父一拍脑门说是是是，他都忘了，当时厂里有瑕疵品，他想着也不咋影响用，就给家里的小孩儿带回来了几双，我和姑父说到现在那双溜冰鞋还在我家放呢，当时拿到的时候别提有多开心了。

姑父说后来赶上非典，鞋厂生意慢慢不行，直到倒闭，姑父又开始到处辗转找别的工作。有段时间找不到就又回了工地，开始搬砖，然后一直注意着看哪些地方招人，后来也是经一起到广州打工的工人介绍就又去了电子厂。姑父说那时候在电子厂流水线一干干一天，晚上饿得不行又不舍得买夜宵吃，就买了小锅开始自己做。说到这里姑父笑得特别开心，说自己不知道是不是继承了父亲会做饭的基因，做的饭身边的工人都说好吃，经常买菜让姑父开火给他们做菜，姑父说每天上上班开火做做饭，日子过得也挺快乐的。那时候新东方厨师的广告天天在电视上播，姑父的伙伴有次边吃饭边随口说了句，你这做饭的技术不用去学都能当厨师了，姑父说当时嘴上说着咦我差得远呢，但心中突然就有了触动，觉得自己为啥不去试试应聘厨师。姑父说心里有了这个想法后，选中一个休息日，姑父就出去了。姑父说不敢去大饭店，人家肯定不会要他，大饭店都是要专业的，要那种会做出来样式的。姑父说他就只会做家常菜，就一直选那种小餐馆进去问，姑父说人家一听他没干过都不要他，一天下来问了一二十家都不成。姑父说等他回了电子厂，晚上再做饭的时候就开始琢磨成色摆盘等，想让饭做得好看点。等到休息日的时候姑父就又跑出去问，一家一家问，告诉人家自己会做什么，会什么样的摆盘，最后是一家看起来生意不太好的小饭馆说让他做道菜试试。姑父说他当时又激动又紧张，满心就想着一定得把这道菜做好，后来人家尝了菜就说那你留下来吧，但工资开的并不高。姑父说他当时就想着留下来干几年，好好练练厨艺，说不定就能去大饭店了。姑父就辞了电子厂的工作开始了自己的厨师生涯，这样一干就是十几年，姑父说真是做哪一行才发现哪行都不容易，各种口味的顾客都有，同样的菜，有的觉得咸的入不了口，有的觉得吃不出来盐味，碰到这种情况，他就得重新炒，之前那盘菜自己就要掏钱买下来，姑父说那段时间因为这样他都吃胖了。

说到这里我和姑姑都笑了。

姑父接着说还有的吃出来头发什么的，老板都会说是他的头发让他赔那盘菜的钱。当时觉得憋屈，但又不敢辞职，想着好不容易才有饭馆要他，就一直忍，想等着过两年自己技术练好了就立马走人。后来姑父说大大小小的饭店也都待过，想着就这样干一辈子也行。但是 2018 年的时候姑姑的一个电话打乱了这样的生活，姑父说姑姑在电话里哭着说儿子叛逆得不行，她根本就管不了了。姑父和姑姑的儿子是在 2006 年出生的，2018 年的时候刚满 12 岁，正是进入叛逆期的时候，连我都记得当时姑姑给我爸打电话，在电话那边掉眼泪说儿子太不听话的场景，姑父说他一开始只是劝姑姑，小孩子不听话你就打他，姑父说自己没读过太多书，就觉得孩子不听话了就得打，姑姑那时候哭着说舍不得下手啊！后来姑父过年回家的时候看见儿子，也觉得再不管不行了，那时候儿子已经开始不想上学，跟小混混们待一起。年后回了趟广州，姑父特别果断地辞了厨师的工作，从此姑父的打工生涯就结束了。姑父说一方面是儿子的问题，另一方面是家里父母年纪也大了得时刻有人照顾，妻子要管两个孩子，还要照顾老人，太辛苦了，正好他也想回来了，在外打工了将近二十年，也不想在外面漂着了。姑父说那时候他和姑姑已经有了一点积蓄，就想着反正自己会做饭，两人一合谋就决定开个小饭馆，说干就干，姑父说当时把家里房子第一层简单装修，一个农家院就开业了。

说到这儿，我说："姑父，今年爷爷过生日还去你们的农家院聚。"姑父和姑姑都笑得开心极了，连声说好好。

姑父说在村里开农家院生意说不上特别好，但养家足够了，周边附近有个啥事都是在他们农家院里办的酒席，我说您们这生意肯定会越来越好的，姑父就又笑啦……就这样，我的访谈也在一片欢声笑语中结束了。

访谈员手记：

晚上回家的路上，我的心情久久不能平静，一边看着笔记本上记录的东西，一边感慨姑父这一路走来的不容易。文化程度不高的他为了养家，从一开始的什么都不会到现在自己做老板开起了饭店，整整十八年，这中间的艰辛程度可想而知。姑父在 2018 年选择回乡的时候，一方面是迫于孩子心理健康发展的原因，另一方面是自己父母年龄越来越大需要人照顾的原因。仔细想想其实我觉得还是因为国家越来越强大，人民的生活越来越好，以前需要出去打工才能养得起一家人，现在即使不出去打工留在家乡发展也可以养活起一家人了。所以姑父这艰辛的一路也从侧面印证了我们的社会是一直在进步的，国家也一直在出台好的政策，让农民工可以更好地享受这些政策，像这一条："从 2019 年 1 月 1 日起，员工的各项保险包括养老医疗、失业、工伤、生育等均由税务部门代收。"① 这也就是说企业必须强制给每位员工缴纳保险，其中也包括农民工，由税务部门强制为农民购买社保，这有力地保障了农民的福利待遇，多年以后，也将会解决每个人养老的问题。

农民工是我国一种特有的现象，在城市的每个角落里都有农民工的身影，他们是一个特殊的群体，靠着自己有把劲，出苦力熬时间赚钱，干着最脏最累最危险的活，在工资待遇以及社会福利方面没有保障，但是为了家庭的吃喝拉撒，不得不付出更多的努力。这就是他们的样子，一群最可爱可敬的人，我相信随着我们国家的发展，农民工的生活也会一天比一天好，也会拥有更好的未来。

（访谈员：金赛。访谈时间：2021 年 2 月）

8.7　访谈案例七：一切为了孩子

受访者基本情况

性别：男

年龄：45 岁

籍贯：鲁山县

婚姻状况：已婚

---

① 搜狐网．明确了！从 2019 年 1 月 1 日起，税务部门统一征收社会保险！怎样缴社保能多受益？［N/OL］．（2018 - 07 - 22）．https：//www.sohu.com/a/242686078 - 651436.

文化程度：小学

打工时间：2017 年

打工地点：广州

打工类型：装修工人

回流地点：平顶山

回流工作：小吃摊摊主

　　春节前夕，天气难得的好，白天更是暖和，尽管时不时还会刮上一阵微风，但已经没了那种入骨的寒气，这一切仿佛都在说明，最冷的冬天已经过去了，最难熬的日子已经过去了。过年了，放假了，褪去了上班的疲态，人们纷纷走出家门，街道上熙熙攘攘，无一不体现着过年的喜庆氛围。晚上十点，城市被路灯点亮，白天的人群早已散去，街道上的行人已经屈指可数，只有路边的小吃摊被星星点点的人们围住。

　　这其中有一个小摊格外引人注目，与周围满是油污的小摊相比显得格格不入，他的小车被他收拾得锃光瓦亮，看上去卫生不少。这就是此次访谈主人公王大哥的摊位。王大哥今年45岁，两颊黑红，皮肤有些粗糙，这是风吹日晒的生活所留下的印记；他厚重的棉衣被油烟熏得有些发亮，衣服上还残留着被油烟灼烧的星星点点的破洞。有人要买灌饼，他就熟练地开灶、热饼、煎鸡蛋、上火腿，再配上生菜、洋葱，抹上酱汁卷在一起，一气呵成。这方便快捷的灌饼，不仅是夜行人暖心的一餐，更是王大哥养家糊口的工具。

　　几辆小车，三五个等待生意的小贩。路灯下的他们看上去有种难以言语的落寞感。走近他们，了解他们生活中的喜怒哀乐，是我此次进行农民工回流深度访谈的主要目的之一。在他们的生活中，是否有什么难言的困难？带着这样的疑问我走进了他们的生活。

"能简单介绍一下您的家庭情况吗？"

"我今年 45 了，家在鲁山县张良镇。家里有两个小孩儿，大孩儿已经工作结婚了，小孩儿刚上高中，媳妇在家种田，家里有不到五亩地。父母都在老家，没有工作，都是农民。"

"您之前是在哪儿打工，具体是做什么方便谈谈吗？"

"我之前是干施工的，家里有个亲戚在广州干装修，说是挺赚钱的，就喊着我一块去了，在那之前我还在镇上的一个饭店里干过厨师。我是 2017 年被拉去广州的，在那边干了快三年。跟着亲戚干活也挺好，至少没被人坑。我主要是负责给人家刷墙，一天一百五十块，也不少了，亲戚那边还管住，就是不管饭。我们几个干活的人是住在一起的，做饭都是今天这个买点菜，明天那个买点菜一起做，也没有算得那么清楚。一天一百五十块说起来不少，但是我们也不是天天都有活儿干。"

"其实我感觉像我这样的已经算不错了，没什么学历，干的活儿也不是什么重活儿，去广州还有地方住。我平时也不怎么花钱，每个月还能省个两千块钱寄到家里。省钱主要就是供小孩儿读书，大孩儿还房贷。"

"您是为什么选择回来，又为什么要到市里工作？"

"回来一个主要原因就是孩子，小孩儿上高中以后心思不在学习上了，大孩儿初中读完就不读书了，家里没有文化人，我不读书的苦头已经尝过了，不想再让孩子也像我一样。我赚再多钱，孩子以后过得不好，有什么用？我在广州干装修的时候也摔过，从那以后腰时不时就会痛。"

"家里媳妇种着地还得照顾爹娘，现在老人年纪都大了，我一个人外出，家里有个什么事我都没法照应。本来想着就在镇上找个工作算了，看来看去，镇上工资都太低了，干一个月跟白干没啥区别。市里离家也不算远，坐车不到一个小时就能到，大孩儿在市里给人剪头发，还买了房，我去那边也算方便。"

"我来市里找工作，找了好几天，工地也去了，饭店也去了，人家都觉得年纪大，不用我。我就想着不行就自己干吧，弄了个小车在路口摆摊，没想到这生意也还可以，小孩儿们也喜欢吃这口，这附近的初中、小学的学生们，一放学就好多来买的。有的时候生意好的话一天能卖五六百块，这比在广州还赚钱。"

"那您一般都几点出来干活呢？"

"摆摊一般早上五点多都出来了，赶着孩子们上学的时间卖卖早饭，等到九点多没什么生意就收摊了，回去给孩子做做中午饭，下午再准备准备配料，四点多再骑着车去，时间差不多就是这样，但是下雨的时候我就不出摊了，一下雨我就腰疼。其实现在赚钱也没有那么大的欲望了，就想有个事干，现在还好，没什么大钱要花，以后等小儿子上了大学就得花钱了，也不知道家里能不能出个大学生，哈哈。再干几年，攒够了钱，就回老家去。"

"您在摆摊的时候有没有遇到什么困难？"

"困难肯定有了，我刚开始的时候啥也不清楚，随便找地方摆，还被城管追过，后来在这个街摆还不小心占了人家的摊位，差点起冲突。不过这些还好，熟悉以后就没这么多事了，这里晚上看不清楚，最可恶的是收假钱，一张饼五块钱，就赚个辛苦钱，有些人还拿着一百元让你找，结果回家算账时才发现是假的。晚上摆摊也很辛苦，这边有个 KTV，晚上有年轻人出来买吃的，好多都喝得烂醉，说话一点都不客气，有的还在那耍阔，甩给你十块钱说不用找了，还有的喝醉在耍酒疯，不给钱，你要也不是，不要也不是。"

"与之前在外务工相比，您满意现在的工作吗？"

"谈不上满意不满意吧，我这个岁数不图赚什么大钱，都是为了子女。跟外面打工相比唯一的好处就是离家近了，能够照顾子女吧。摆摊确实比较赚钱，但是也很辛苦，天天在外面风吹日晒的，忙的时候就那一会儿，其余时间你也看见了，就坐那耍耍手机，跟别人喷喷天儿。这疫情以来生意也是不好做，上半年孩子都在家上网课，我也没怎么出摊，所以基本没啥生意，这一段生意才算有点起色，能糊口也不错了。"

"您接下来有什么打算吗？是否还会选择外出务工？"

"打算……我也不知道自己还能干什么，走一步算一步吧。目前来说这样的生活也算安逸，但是日子长了难免无聊。可能还会再干几年吧，如果赚得多，盘一个店干是最好的，也不用这么辛苦了，下雨还能出摊。现在已经不会想着再出去打工了，年纪大，身体也不好，去哪儿都不受待见，没有自己给自己打工来得自在。关键这离家近，离孩子近，一切都是为了孩子嘛，为人父母都是这个样子，都这把岁数了，还谈什么职业理想，人生规划……"

访谈员手记：

农民工回流逐步成为社会的热点话题，尤其是在 2020 年新冠肺炎疫情的影响下，不少外出务工人员因种种原因，或主动或被动放弃外出务工而选择回流。而在这样大浪潮的背景下，许许多多的"小人物"浮出水面。当我们亲身进入他们的生活，倾听他们的故事就能体会到这平凡的伟大。

回忆起在外务工的时光，王大哥满是感慨，他绘声绘色地描述着大城市繁忙的生活，提及回流的原因，更多的是为了孩子，为了家。王大哥说回家后他也一度感到茫然，尝试了各种工作，但往往都因为年纪过大不能胜任，他也想过不如干脆就回家种地，但想起他的两个孩子，他不得不去奋斗，去赚更多的钱。平顶山市的经济发展虽然不如广州，但比起在家种地，机会还是有很多。因为年龄问题找工作屡屡碰壁的王大哥想到了创业，靠着之前厨师的经历，王大哥的小生意就这样做了起来。

与王大哥的交谈结束后，我写下了这篇访谈。我的访谈对象王大哥是一个很随和、谦虚的人，他对生活没有抱怨，所追求的也是稳稳当当的生活。他没有抱怨收入少、日子苦。更多的是兢兢业业工作，省下钱为孩子。在与王大哥的交谈中不禁想到其他的外出务工者，改革开放以来，我国的经济发展越来越好，人民的生活也日渐富足，但贫富差距也随之变大，还有一部分像王大哥这样的人徘徊在社会底层依靠摆摊维持生计，但我相信，不久的将来，我们的国家也会完善这些制度，让基层农民也能老有所依。

王大哥回忆起那三年的外出生活，给他最大的感受就是距离感，虽然生活在广州，同为这座城市的发展而努力，但却因本地人与外地人的隔阂而遇到不平等的待遇，城市虽大，但终究不是家。外地人、农民、没文化……种种标签加持在身，受冷漠、被排斥，这道鸿沟如此之大，难以逾越。回忆起这座城市，他说这座城市让他又爱又恨，爱它所带来的财富，让他有足够的钱供大儿子买房，供二儿子读书；恨它所带来的内心折磨，不平衡感与自卑感相互交缠。回忆往事，王大哥眼神有些落寞：有一次下班回去身上沾了点油漆，去超市买东西，人家都用异样的眼神看着你，那种眼神我一辈子都不会忘。

游子思家，外出的人总是挂念着家里。提起回来后的生活，王大哥面露喜色，他绘声绘色地描绘着家乡的好，家人的情。比起繁忙的大城市，小城市似乎更有人情味儿，更能体察到平凡人的苦辣心酸。"摆摊虽苦，但周围的小商贩都有着相似的经历，大家没事的时候唠唠嗑也很开心。"小城的温情，暖着王大哥的心，也暖了这寒冷的冬。

（访谈员：杨晨晨。访谈时间：2021 年 2 月）

8.8 访谈案例八：家才是归宿

受访者基本情况

性别：男

年龄：31 岁

籍贯：宝丰

婚姻状况：已婚

文化程度：初中

打工时间：2004 年

打工地点：昆山

打工类型：电子厂工人

回流地点：平顶山

回流工作：外卖员

从昨晚开始，天气一改往日的温暖，气温骤降，天空飘起了细雨，我踏上了回老家的路。在回村的路上，细嗅着泥土伴随着雨水的味道，那是城里所闻不到的气味，是那么的清新，那么的自然。我脑海中又浮现出了一幕幕儿时在这里生活的场景，十几年过去了，这里似乎并没有太多改变，村里的路依然是坑坑洼洼，家里的老房也没有多少翻新的迹象，时间仿佛没有改变这里，村口树下还坐着几位老人在闲聊，一切都是那么的自然、熟悉。

我与田大哥并不相识，与他的访谈也是偶然机遇。当时正逢我回家乡过年，与家中老人谈起访谈内容，对话中得知隔壁邻居正符合访谈条件便前去拜访。虽然是一墙之隔的邻居，但在我的记忆里一直没有田大哥的身影，倒是对田大哥的妹妹印象颇深，她的妹妹跟我年纪相仿，长得甜美可爱，还曾代表伊利集团到世博会进行商品销售。对于我的到来，他显得既兴奋又谨慎，并且一再问我，是否还记得他，小时候还曾去过他家玩耍，以及此次访谈对他会有什么影响。我耐心解释了我的缘由，他的戒备心也慢慢放了下来，舒展出友善的微笑。

田大哥的个子并不算高，穿着朴素但是很干净，脸上挂着憨厚的笑容，单看他的样貌，我很难想象他已经有了那么多的社会经历。他皮肤黝黑，脸上有些许皱纹，与围坐在他身边的小孩儿形成鲜明的对比。一进门，田大哥就热情地招呼了我，为了不打扰田大哥下午的工作，我们闲聊了几句就开始了正式访谈。访谈总共进行了两个小时，交谈过程非常顺利。为了方便读者进行阅读，在保留谈话内容真实性的基础上，我对我们的访谈内容进行了适当整理，全文如下：

"田大哥，先介绍一下您的家庭情况吧？"

"我今年32岁，初中毕业，家在宝丰。我跟我老婆是一个村的，我们有一个孩子三岁了。我在家里排老二，还有一个大哥跟小妹。大哥比我大一岁，还在昆山打工，我小妹之前在上海打工，现在也回来了。我爸妈前几年也搬到县城去了，跟小妹在一起住，田里的地也租出去了。村里的房子算是没人住了，要不是过年，也没人回来，你也采访不了我。"（说到这儿，田大哥脸上又浮现出了憨厚的笑容。）

"那您当初是怎么想着出去打工的？"

"咱们村里的情况你也看到了，几乎都没有年轻人，连小孩儿都难看到，家里只剩下老人了。年轻人都出去打工了，我留在这儿也没啥意思，谁想年纪轻轻就种地啊。村里那些出去打工的回来都挣了不少钱，家里一商量，就让我们三个孩子也出去打工了。我们都还年轻力壮，在家闲着也不是事儿啊。"

"当时家里人不支持你们读书吗？"

"家里人都是农民，没什么文化，当时都是想着赚钱，看人家打工赚钱，自己也跟着眼红。咱村里啥条件，你也看过。小时候你还在这儿待过一段时间。咱们村里就一个小学，还没几个老师，教育资源跟不上，像我这个年纪的，当时好多都是初中读完就不上了。我小妹，初中没念完就打工去了（提起小妹，田大哥的眼神中透露出了些许的无奈与感伤）。那时候孩子还小，都爱淘气，家里人对教育也不上心，如果好好管管孩子，也不至于那么小就让出去打工了。我以后可一定得让我孩子读大学，最好也像你一样读个研究生。打工实在是辛苦，没文化就是赚个辛苦钱，有知识的人都在办公室吹空调。"

"您当时是怎么想着去昆山工作呢？又出于什么原因回来呢？"

"那边的工厂多啊，对学历也没啥要求，赚的还多，村里好多年轻人都去那边打工，比去工地舒服多了。我跟我哥就是被同乡拉过去的，说那边包吃包住，比在家打工强，就把我给说动心了。到那边发现真的是不一样，人家那边的县比咱们这儿的县好太多了。但是在厂子里干活也很枯燥，没啥时间出去转。每天三点一线，宿舍、食堂、厂子，时间久了就麻木了。后来我老婆怀孕了，我也就想着回去了，在厂里时间久了人的斗志也没了，每天就是拧螺丝。"

"您回来以后有什么打算吗？"

"回来以后就是想着去县城找个工作，我媳妇在县城租了个店卖衣服。当时就想着不去工厂了，想换个自由一点的工作，也方便照顾老婆。找工作那会儿压力也挺大，工作不好找，老婆还怀着孕，我就跟她一块儿看了一段时间的店铺。中间还卖过书（提到这个话题，田大哥脸上又浮现出心酸的微笑），书不好卖啊，那时候开个面包车，支摊卖书，五块钱一本，卖那种盗版书。年轻那会儿总想着自己当老板，等真的自己做生意的时候才发现其中的难处。这一段就在城里送送外卖，想着先攒攒钱，等钱攒够了想买个车跑出租，毕竟送外卖也不是长久的行业。"

"如果排除家人因素，您是更倾向于在外务工还是回来呢？"

"这很难说，人肯定都想去大城市看看，但是我没什么一技之长，去大城市能干啥，还去电子厂吗？比起来电子厂那种三点一线的日子，我宁愿在家里送外卖。其实我也是在给自己找借口，在家久了，就不想出去了，外面没有归属感。现在的工作也还可以，想接单的时候就接单，没活儿干的时候就在店里陪老婆，虽然比在厂里的工资少点，但是养活一家子的吃喝还是不成问题。"（提起老婆孩子，田大哥脸上又露出来幸福的笑容。）

"那您对现在的工作满意吗？工作中遇到过哪些困难？"

"工作还算满意吧，我这个人也没什么追求，现在家人都在县城，不愁吃喝，已经比在农村好多了。说起来工作，我们这行遇到的什么人都有，送外卖也没想象的那么轻松。饭点的时候都在抢单，争分夺秒的送单，有时候你迟到个一两分钟就有人给差评，一个差评我一单生意都白做了。这段时间过年，订外卖的人也少，一天也接不到三十单，平台每天还扣钱，一个月也就赚个三千块。有一回，接了个奶茶订单，有个公司点了三十多杯奶茶，我送都没法送，那配送费还不到五块钱，最后还是喊了别的小哥帮我，外卖也不是好送的。"

访谈员手记：

两个小时的访谈结束了，天色也逐渐暗了下来，我的内心感慨良多，久久不能平静。

我和受访者的年龄相差不到十岁，同是年轻人，却已经有了如此迥异的人生经历。像我这个年纪，身边的同龄人大都正在读书或刚步入社会。而田大哥这样年纪轻轻就外出打拼的例子在我身边并不常见，但当我走进农村，深入了解之后才发现这是一件多么平常的事。我不由联想到城乡之间的发展差距。如果我一直身在农村，是不是也很难摆脱外出打工的命运。与田大哥的交谈中，我内心复杂，我听着他那些打工的辛酸史，听着他从刚步入社会时意气风发，准备大展拳脚的兴奋到被生活磨灭到麻木，从理想到现实……

"从外地回到家乡，本以为能在家里找个如意的工作，可回来后才发现，朝九晚五的办公室生活是奢望，创业又缺乏资金。尝试过很多工作，最终选择了送外卖还是因为时间比较自由，方便照顾媳妇，工资也还说得过去。"回忆起返乡的工作经历田大哥面露愁容，他坦言并不满意现状，但又暂时没有改变现状的能力。

田大哥告诉我，其实很多出去打工的人最后还是想回家的，毕竟不能在外打一辈子的工，在外讨生活哪有在家轻松。一开始很多年轻人踌躇满志，准备去外面的世界闯一闯，但是一个人赤手空拳，遇到困难时的无助感是难以想象的，也有很多人碍于面子，觉得没挣到钱就没脸回家，还在苦苦的坚持。这确实道出了很多务工者的心声。

在访谈开始前，我一直觉得薪酬应该是他们最关心的问题，在我认知里，外出打工的一个首要因素就是赚钱，而回流的主要原因应该也归咎于金钱。但经过几次接触，随着访谈的深入我逐渐意识到人们对精神需求的重视程度明显提高，他们往往因为思家、孤独等种种因素返乡，物质需求似乎变得没那么重要，在亲情面前更是不值一提。能让广大回流者产生这样的想法并付诸行动，我想这离不开国家对广大农民、乡村地区的利好政策。经济的腾飞发展，脱贫扶贫工作的顺利进行，使得农民生活富足，人们已经不仅仅满足于物质层面的需求。乡村振兴政策、新型城镇化等政策的加持，让广大乡村地区的基础设施日益完善，投资政策的扶持也使得大量企业入驻农村，不仅填满了农民的钱袋子，也缩小了城乡之间的差距，让农民享受到与城市的同等待遇。

（访谈员：杨晨晨。访谈时间：2021 年 2 月）

8.9　访谈案例九：有了孩子就更不想出去了

受访者基本情况：

性别：男

年龄：20 岁

籍贯：河南濮阳

婚姻状况：已婚

文化程度：小学

打工时间：2012 年至今

打工地点：苏州、郑州

打工类型：工厂工人，经营早餐

回流地点：本村

回流工作：经营早餐店

当接到访谈任务时，脑海中第一个想起来的人就是他——小震。小震是我邻居家一个弟弟，尽管年纪不大，但是因为辍学早，经历了很多，之前总是在外面工作，后来因为结婚有了孩子后就从外地回家了，在我们村小学门口开了一家早餐店。我向小震说明了来意，他有些不快，说自己不是农民工，因为他从来就不种地，也从来没有过种地的念头，只有父母那一辈才会把种地当作大事去做。不过他倒是挺乐意向我分享他的经历的。以下是我们的对话内容。

"小震弟弟，你是多大开始不上学的，不上学后去了哪里呢？"

"我大概是 15 岁不上学的，上了初中后就彻底跟不上学习进度了，再加上学会了上网，时不时就想去网吧，就不上学了。我爸妈不同意我辍学，但是拗不过我，老师还经常给家里打电话。那时候可挨了不少打（他挠挠头，边说边不好意思地笑了），最后还是从学校出来了，刚出来就想着自己挣钱，也不想在家待，总是挨吵。于是跟着我的几个朋友就去了苏州那边一个电子厂，在里面打工。"

"15 岁会让你进厂？在里面你能做什么呢？"

"你上学不知道这些，外面电子厂有不少未成年儿童，大都是不上学了被朋友介绍进去的，电子厂工作轻松，只要坐在那儿不停重复一个动作就行了，有时候是装个零件，有时候是包装，未成年也能做的来。包吃包住，一个月能挣到个一千块钱，加班另算。"

"那你这些年一直在那个电子厂打工吗？"

"怎么可能，电子厂的工作虽说简单且无需为吃住担心，但是太枯燥了，一旦坐那就是一天，我也就挣个自己吃喝玩乐的钱，当时还小，对钱没什么概念，拿到钱还还别人，上上网，玩玩就不剩下什么了。在电子厂待的时间长了不好，那家伙有辐射，对身体不好。我在那儿就待了两个月，然后就从电子厂出来了，后来去了服装厂、机械厂。苏州就厂子多，我待烦了就换厂子，总能挣到钱。就这样混了两年，就觉得不行了，出来这么长时间，手里一直没有个积蓄。我父母也担心我，正好我大爷在郑州有个早餐店，人手不够，父母就想让我去大爷店里，一方面是自家人他们放心，另一方面也想让我学个手艺，学会后自己也能做生意。这次我听了父母的话，来到了郑州，跟在我大爷身边，边帮忙边学做早点（说到这里，他点上了一根烟，停了一会才开口接着讲）。在我大爷那里我待了一年，把该学的都学会了，但我还是不想在他那里待了，不自在。于是我就想自己在郑州开个店自己干，但是没有钱，当时有点积蓄是为了结婚用的，我就跟我对象商量，结婚延迟，然后用准备结婚的钱在郑州开个早餐店，我对象同意了。我在郑州有个朋友，他也愿意跟我一起开店，他在郑州比较熟，知道采购点也方便找店面，然后我们三个就在郑州找了个店面，开始经营生意。"

"那怎么又从郑州回来了呢？生意不好？"

（听到这里，他又点上了根烟，皱起来眉头。）

"刚开始做早餐店的时候劲头儿十足，我们就三个人，我那个朋友负责采购，我做早点，我对象负责收钱卖早点。但是我们刚开始做生意，有太多不懂的东西了，比如卫生许可证，没有这个证，店就开不下去，在郑州人生地不熟，所以在郑州的这种事情我都交给我朋友干了，他要钱我就给，然后一个月算一次总账。再后来我们周围又开了两家早餐店，生意不如以前了，总账开始越来越少，慢慢亏钱了。我爸担心我们，从家里赶过来帮忙，他不会做，只能在采购和卖早点上面帮帮忙，慢慢他就发现问题了，我那个朋友手脚不干净，厨房采购他在中间吃差价，厨房的东西他也拿走好多。刚知道这个消息的时候，我特别生气，可是一起打拼到现在了，太难听的话也说不出口，我俩吃了顿饭，工资结给他就让他走了。没有了我那个朋友，店更难开下去了，采购还有打理关系一直都是他在做，我这个异地人很难发展。2017 年我们店旁边又新加了两家饭店，我对象怀孕了，不能一直拖着不结婚了，就把店面转让了，回到家里准备了婚礼。我们没钱买房子也没钱盖房子，只能跟父母住一起，这样也好，我对象怀孕也有人能照应。可是平日花销也是一笔很大的钱，我们也没钱再重新开店了。我只能再次外出打工。正好有个苏州的朋友给我打电话让我去帮他救个场，他在做群演，接了一个戏但是有事去不成了，让我去帮忙。我过去当了一天群演后，有个群头叫住了我，让我跟着他干，他让我当前景，一天能挣二百块。我就跟着他，一个星期挣了一千多块，按理说这个工资可以了，但是每天在一群陌生人中间，工作没有一个固定时间，家里我对象还大着肚子，怎么都不是一个长久之计。在那跟着群头干了五个月我就回家了，我对象也马上生产，有了孩子就更不想出去了。于是打算着在家里开个早餐店。现在也是刚起步，稳定下来就好了。"

"那在家里感觉跟外面有什么区别呢？"

"在家就更自信吧，在外面不管做什么都觉得自己太渺小了，没有可以依靠的人，所有都得自己去闯。但是在家里人脉还是可以的，做事也更方便。"

"感觉你虽然年龄比我小，但是经历的事情真的好多！"

（他笑了，然后又叹气，看着我认真地说。）

"姐，你好好学习，你跟我们不一样，你有文化在哪都能有你的天地。我脑子笨，辍学早我现在也难受，等我家孩子长大，我得让她上学的，不能让她跟我一样，这么早经历这么多。"

访谈员手记：

小震之所以回乡，关键是结婚生子，同时在家乡有人脉也很重要。

访谈小震之前，小震妈妈去我家了，她向我妈抱怨小震他们生完孩子后，奶粉、纸尿裤都是她和小震爸爸买的，小震夫妻两个人太年轻，存不住钱，自己都养不起，有了孩子花销更大，都是他俩一直接济。访谈完小震，莫名一阵心酸，因为像小震这样的孩子太多了，不上学后结婚都很早，也都早早有了小孩，可是因为成立家庭太早，自己压根没有能力抚养，只能依靠父母接济。

希望更多的孩子能在每个年龄段受到合适的教育，等到羽翼丰满之时，更好地迎接这个世界的挑战。

（访谈员：许志冰。访谈时间：2019 年 2 月）

8.10　访谈案例十：在外面过得太压抑了

受访者基本情况：

性别：男

年龄：50 岁

籍贯：河南濮阳

婚姻状况：已婚

文化程度：小学

打工时间：2013 年

打工地点：山东威海

打工类型：打鱼

回流地点：本村

回流工作：养猪

见陈叔叔真是费了一番波折。陈叔叔在村里有个养殖场，因为2019年非洲猪瘟的传染，陈叔叔没有出过养殖场，也不准外人进入，只有大年三十那天，他回母亲家吃饭，我才有机会跟他交流，因为长期独自一人在养殖场，陈叔叔与人交流很少，听我说明来意后，一时间有些惊慌失措，连连搓手说："闺女，俺不咋会说话，那都是些陈年往事，我真怕我说不好。"我安慰他没关系。然后陈叔叔从屋里搬出来两张马扎，给我一张后，自己便坐在了我的对面。陈叔叔见我掏出纸笔，摆摆手说："你记不下来的地方跟我说，我慢些再讲一遍。"我点头连连道谢。

陈叔叔先前是去的威海，工作是上船跟渔民打鱼。陈叔叔说，渔民们会选择在凌晨出海，一天是从凌晨两三点开始的，海湾不像家里，两三点正是热闹的时候，发动机轰鸣声此起彼伏。到了早晨，渔船返航。平日里生活很简单，出海、下网、收网、回航，接下来是市场收走打到的鱼。睡完午觉整理渔网，除非是台风暴雨这种恶劣天气，不然每天都要出海。在海上，吃的也是鱼，打上来的鱼贵的不吃，普通的捞上来就吃了，船上就带些主食、佐料之类的就行了，有的鱼甚至能生吃。陈叔叔说他可能是他们一伙人中最适应海上生活的人了，因为生鱼片除了他之外其他一起上船的人都吃不惯，而且他也不晕船。因为渔业生产线的高强度工作和它存在的艰难与危险，他们一伙人在去了一个星期之后走的就剩下他自己了。陈叔叔说出海虽然艰险但是工资高，他需要钱，家里得由他撑着养家，于是陈叔叔自己留在了威海。

陈叔叔说作为一个外地人，他想站稳脚跟，累活脏活都抢着干，时间长了，船上的人也会亲切地称呼上一声"陈师傅"。

　　然而这一切被改变是因为船上有个本地人丢了自己的钱。那几天陈叔叔明显感到周围人对他的议论，他想告诉他们不是他拿的，可是又不知道该向谁说，不知道说了之后又会有怎样的回应。他有天回到自己住的地方，发现自己东西被翻得乱七八糟，那天他怒了，抓住乱翻自己东西的一个人狠狠打了一顿，但是当晚他就被堵在宿舍被那些当地人更狠地打回来了。第二天还是得出船，因为请假会被扣三天工资，这个规矩是在他来到这里第三天的时候被通知的。再后来那人钱找到了，是他自己放错了地方，但是打陈叔叔的人没有一个给陈叔叔说一声抱歉。当然也有对陈叔叔友好的人，他们会在陈叔叔受伤后送上跌打酒，会与陈叔叔讲打鱼要注意的事项。即使这样，陈叔叔在船上也活得更加谨慎了。

　　陈叔叔酒品不好，一旦喝酒就会把压抑自己的话说出来，会摔东西。他知道自己这个缺点，在船上的日子他不敢喝酒，即使是喝酒，也只允许自己喝一点，不敢多喝。发工资那天，他拿着钱照例先给家里寄了一份，然后带着剩下的钱去了集市，给女儿买了根钢笔，因为女儿给他打电话说老师要求练字了，他开心啊，女儿慢慢长大了，学习也好。于是他想着可以喝点酒庆祝下，这次却没克制住自己，喝的多了。他说他记不清他那天做了什么事情了，只记得他醒来的时候他的行李已经被收拾好了，身上也被打了。后来听人们说，那天他喝过酒直奔那个自己弄丢钱却冤枉他的那个人家里，砸了他们家的桌子，要讨个说法。然后就被打了，也被辞退了。他拿着行李，没办法去找老板了，因为那个人跟他们老板是亲戚。所幸老板辞退陈叔叔的时候又给他了一个月的工资，他拿着那一个月工资在威海生活了两个月才买了回家的票，陈叔叔说不能直接回家，身上有伤回家，家人会担心，过两个月正好快过年了，那时候回家正好。

自那以后，陈叔叔就没外出过了，陈叔叔说："太压抑了，过得太压抑了，处处要看别人的眼色。"现在陈叔叔在家养猪，有个养殖场。陈叔叔说决定回家养猪也是因为在威海最后那两个月四处转着溜达，认识了那里的养猪人，看他们养猪挣了不少钱。闲暇时跟他们聊天，也知道了不少养猪的门道。陈叔叔用两万元起步，当初也就一排猪圈，十几头猪。经过这些年发展，一排变三排，十几头变上百头。陈叔叔说近些年政府对农村关注度比之前高了，种地有补贴，养殖有补贴，外出打工挣得钱还没在家里种地和养殖高，虽然累了些，但是终究是为自己打工，干起来有动力，也不必看谁的眼色，不用活得小心翼翼。

因为陈叔叔养殖场还有好多事情，所以陈叔叔给我讲完便匆匆忙回去了。

访谈员手记：

农民工在异乡的权益应该怎样得到合理地维护，这是值得思考的问题。农民工是当今对我们国家和社会贡献最多而得到回报最少的，并且忍受偏见最多的群体。那么在异乡，在一个他们人生地不熟的地区他们的权益又应该如何维护？我认为政府应建立一个专门的机构，为维护农民工的权益而生，这样在受到不公、在受到欺凌时能有个为他们说话的地方。

所幸的是，陈叔叔回到家乡后过上了还不错的生活，国家对农民的优惠以及保障政策为他铺宽了自行创业的道路。每个认真生活的人都值得被尊重，我尊重陈叔叔，尊重每一位为了自己以后的生活努力工作的农民，我坚信，生活会给他们最好的回报。

（访谈员：许志冰。访谈时间：2019 年 2 月）

8.11　访谈案例十一：孩子需要我

受访者基本情况：

性别：女

年龄：38 岁

籍贯：河南濮阳

婚姻状况：已婚

文化程度：中学

打工时间：2001 年

打工地点：浙江

打工类型：挑拣快递

回流地点：邻村

回流工作：挑拣快递

大年初十那天，郭叔叔便开始收拾行李打算去浙江工作了，小曼（郭叔叔的女儿）趴在门后看着爷爷奶奶妈妈为自己的爸爸的离去准备着一切事宜，但是直到郭叔叔坐上车，小曼都没有跟爸爸说一句话，甚至在郭叔叔跟郭阿姨回来的这些天，小曼也没有叫过他们一声爸爸妈妈。郭阿姨跟我讲到这里时，她哭了。郭阿姨说她以后不出去了，她得守在孩子身边，挣钱是为了让孩子生活得好，是为了孩子的学费。可是她现在看到小曼，心中就有太多愧疚感，挣再多的钱都没办法弥补的愧疚感。

小曼一岁时便交给爷爷奶奶照顾，两人一起外出打工，每个月按时给家里打钱。夫妻俩在浙江租了个小房子，当时是进了电子厂，有时候黑白班颠倒，夫妻俩一个月甚至彼此都见不了几次面，想孩子啊，夫妻俩都想，但是没有办法把孩子带在身边，也没有时间照顾。当时每个月最大的开销不是租金，而是话费。孩子会叫爸爸妈妈了，至少一天一个电话的，先是嘱咐父母注意身体，嘱咐照顾孩子要注意哪些，接下来就要孩子接电话，听到孩子那边叫妈妈。一天的疲惫都消失了。郭阿姨看了看我，笑着说："你现在是不会明白的，有了孩子后你心理会变得不一样，当时我下班后无论有多累，只要听到小曼叫妈妈，就有一种世界都亮了的感觉，就觉得我明天的生活多苦我都能忍受了。"

每次过年回家都能感受到小曼的成长，每次都觉得很神奇，"你说一个小孩子怎么能在一年之内发生这么大的改变呢！"过年回家的时候夫妻俩总是会去超市问售货员现在的孩子最喜欢的玩具、最喜欢的图书、最喜欢吃的零食，在自己能力范围内，把最好的东西带回家给小曼。过年在家这几天总是想方设法给小曼做好吃的。但是每次走的时候都要避开小曼，"不然孩子总是闹，哭着抱着我的腿不让走。难受啊，可是怎么能不走呢，还得挣钱啊。还是狠下心把孩子交给爷爷奶奶。"

"也试过把孩子带在身边。小曼五岁的时候把她接到我们这边住了一段时间，刚接过来那会儿，小曼有天晚上跟我说，妈妈，你是不是弄错地方了啊，我的小伙伴跟我说城里都是高楼，特别好看，为什么爸爸妈妈住的地方还不如家里房子大。我听了一阵心酸，不知道该怎么解释，抱抱她告诉她以后就知道了。我们俩上班，就把孩子反锁在屋里，后来孩子哭着告诉我她害怕，一个人在屋里害怕，没有人陪她玩，陪她说话，可是她也舍不得爸爸妈妈（郭阿姨叹口气，拿起身旁的卫生纸擦了下鼻涕）。没办法，又送回爷爷奶奶身边了。"

到了小孩读书的年纪，郭阿姨在上班的地方询问了当地小学有哪几所，打算着把小孩接到身边上学，这样下班接她，受的教育也会比在家好。可是有政策，都是划区分小学，没有当地户口没有办法上当地的小学。她不死心，又四处打听，有个外地人的小孩就是上了当地小学，那个人告诉她，他们有个亲戚在小学工作，即使这样，把孩子送进学校，还得额外每学期交借读费一万元。她没有可以走的关系，每学期一万元对她来说也是很难承担的。接小曼来浙江上小学的事情只能不了了之。不过每年暑假小曼都会来这里，小曼越发懂事，还没灶台高，就已经会简单炒菜了，每次下班小曼都会为父母准备好饭菜。郭阿姨说小曼给她讲过一个故事，让她至今都记得。小曼说到了冬天，青蛙、蛇、乌龟都要冬眠，幸亏她不会，不然冬天也见不到爸爸妈妈了。她还让妈妈答应她，如果冬天她也冬眠了，让妈妈一定要叫醒她，因为她想爸爸妈妈（听了这个故事，我实在忍不住流泪了，我一个旁人都如此，不知道当时郭阿姨心里多难过）。

随着年龄的增长，小曼越发懂事，父母离开再也不会像之前那样大吵大闹了，可是话越来越少，见到一年未见的父母也不像小时候那般亲近了。郭阿姨想跟小曼一起睡，都被小曼扭捏着拒绝了。

开始郭阿姨只当孩子大了，有自己的想法了。直到那天听小曼说她没有父母，只有爷爷奶奶的时候，她彻底崩溃了，她甚至动手打了小曼。打完就后悔了，那天她一晚没睡，和郭叔叔商量了下，他们俩一致觉得太亏欠孩子了，再这样下去，孩子的心理会出现问题的。于是决定以后郭叔叔自己外出打工，而郭阿姨在家里看着小曼。所以就有了开始的那一幕。郭阿姨说，她已经打算好了，小曼成长离不开父母，所以她得留下，但是他们还得生活，郭叔叔得出去。郭阿姨在邻村编织袋厂找了个工作，工资虽然不高，但是贴补平时家用还是可以的，同时在家乡也能陪伴女儿，一举两得。

"我女儿要跟你一样上大学才好哩。"最后郭阿姨笑着跟我讲。还让我多去她家里跟小曼玩，多跟小曼沟通沟通。写完这个访谈笔录我拿给小曼看了，她告诉我，她知道父母的不易，可是她不知道怎么了，这么多年总会感觉自己是一个累赘，是一个没人管的孩子。最后她问我："姐姐，我想到小时候看到别的小孩经常被父母抱的时候就恨，恨父母，恨那个小孩，我是不是个坏人。"我有些心疼，摸摸她的头告诉她，她不是坏孩子，她很可爱，我很喜欢她，她的父母也很爱她。

访谈员手记：

郭阿姨为了孩子选择了与丈夫分离，选择了在家乡打工，虽然在邻村打工收入不高，但可以照顾孩子，郭阿姨认为只要孩子能健康成长，比什么都要好。

郭阿姨的事例是留守儿童问题的缩影，这是一个社会性的问题，也是一个社会性的创伤事件。如果不能改变现状，我们又该如何让这些留守儿童在成长中得到更多关爱和教育。我想了很多方法，比如在村里设置心理咨询室，比如加快对乡村的发展，使乡村有自己的企业……我庆幸郭阿姨做出这样的选择，真心希望小曼在母亲的陪伴下变得越来越好。

（访谈员：许志冰。访谈时间：2019 年 2 月）

第 9 章

结论与讨论

9.1　结　　论

改革开放后，人口流动和迁移成为最为壮观的社会经济现象。长期以来，人口流动的基本趋势是从乡村到城市的乡城流动，然而到了 2009 年，人口回流开始成为人口流动的重要趋势。2008 年爆发的亚洲金融危机虽然在人口回流方面起到了触发作用，但人口回流的真正原因是我国区域经济发展不平衡状态的改变。近些年来，随着中国中西部县域经济的发展，越来越多的农民工回流至本省或本地务工或创业，长期形成的人口乡城流动格局正在发生重要变化。据监测统计，2018 年全国外出农民工中，省外就业人数比上年减少 1.1%，省内就业比上年增加 1.7%，省内所占比重较上年提高 0.7%，而省外下降 0.7%；与此同时，在外出农民工中，进城农民工 1.35 亿人，比上年减少 204 万人，下降 1.5%（国家统计局，2019）。作为中国的农民工大省，河南省从 2011 年开始，省内农村劳动力转移就业人数已连续 8 年高于向省外输出农村劳动力人数，农村劳动力逐步向省内回流。

农民工回流后，绝大多数仍采取工资性收入策略，只有少数进行创业活动，也有个别退出劳动力市场，与此同时，回流后的居住和购房也是其必然面对的现实问题。农民工回流后产生的现象和过程均对农村地区的发展产生重要影响。因此，在新农村建设、乡村振兴背景下开展对农民工回流及区位的研究具有重要的现实意义和理论意义。在实践层面上，规模庞大的农民工回流正在改写农民工流动的空间格局和流动历史，如何合理引导和科学调控这种流动及如何认识这种回流过程的空间规律性使其与我国县域经济发展和本地城镇化有机融合，是摆在决策者面前的重要课题，通过该项目的研究，有望为相关政策的制定提供参考。在理论层面上，开展回流区位的研究对于认识临时性迁移人口的空间变化规律具有重要意义，同时也顺应了国际地理学界对行为地理研究的潮流。农民工流动和回流作为中国特殊的人口流动现象，对其研究可以弥补和丰富国际地理学界对于人口流动规律的研究成果。

本书基于多次乡村田野调查获取的第一手数据，采用二元及多元 Logistic 方法、统计分析方法、GIS 空间分析方法和质性研究方法，以河南省不同规模的样本村为例，对农民工回流区位进行了深入的研究。

人口回流作为人口流动的重要过程，在国内外均得到相关学者的重视。国外的研究历史较早，因为人口回迁是和人口迁移相伴的，但和国内不同的是，这种回迁是跨国界的，而非国内各地区之间的迁移，其频率也是较低的。当前，国外相关的研究主要集中于回流动因的理论阐释、回流影响因素、回流评价和区域影响等方面。推拉理论、新古典经济学、新劳动力迁移经济学、结构主义、跨界社会网络等理论分别从不同的角度对回流动因进行了解释和讨论。个人因素、家庭因素、社会因素、经济因素、文化因素等均对回流决策和意愿产生重要影响。跨国回流可能是回流者的正向选择，也可能是负向选择，回国之后产生的区域影响也存在明显差异。国内的研究主要关注到了回流动因与机制、回流地及回流意愿地空间特征、回流的区域影响等方面。回流的产生是宏观因素、中观因素和微观因素综合作用的结果，人口回流与国家宏观经济政策和形势密切相关，但回流决策的制定和实施则是个人行为，与个体人力资本、个体特质、家庭状况有关，此外，村庄和务工地等中观因素对农民工回流也具有一定的影响。在回流地空间特征方面，对实际的回流地空间分布研究较少，但关于回流意愿地点的研究相对较多。在回流的区域影响方面，回流对务工城市和农村区域均产生了重要影响，这些影响可能是正面的，也可能是负面的，尤其是对于务工源地而言，影响的方向性并没有形成共识。不过，从我国农民工流动趋势来看，回流正在成为今后发展的重要方向，农民离土不离乡的夙愿正在逐步变为现实。

农民工回流后务工区位选择主要以县城为主，其次为村庄，中心城区和集镇较少。县城作为回流务工的首选与距离较近、收入较高、工作机会较多及居住区位等有关，县城在回流务工区位中扮演着重要角色，应将县城作为农区发展和农区城镇化的重点对待。省外回流和省内回流是农民工回流的基本形式，但二者在回流务工区位的选择上存在一定差异，相对而言，省外回流较多选择中心城区作为务工地，省内回流则较多选择集镇作为务工区位。回流务工区位以本属区位为主，但也存在少量非本属区位。非本属区位中，非本属—附近为主要选项，其次为非本属—省会，而非本属—外地占比最少。距离在回流务工区位选择中具有重要作用。影响回流农民工务工区位选择的显著因子主要包括社区因素中的村人均收入和村回流比及距城市距离、个人因素中的年龄、家庭因素中的家庭人口和家庭代数及居住区位、务工因素中的前务工地类型等因子。农民工回流后，虽然整体上解决了距离问题，但仍在更小的空间尺度上继续存在务工和务家的平衡问题。社区的社会经济环境影响着回流者的务工区位决策，城市地理距离即使在回流后仍对回流者的务工地选择产生着影响。在一定程度上，随着务工者年龄的增长，村庄将成为其最终的归宿。务家中的照顾子女比照顾长辈重要，以子女为中心的家庭社会行为比较普遍。在回流务工区位选择上，存在路径依赖现象。

本村、本乡镇和本县城成为省际流动农民工回流区位的主要选择地，本乡镇和本县城也成为农民工回流创业首选的区位，而本市、外市回流农民工较少。整体上，农民工回流以负向选择为主，正向选择和创业选择所占比例较小。回流区位选择的主要机制是务家和经济收益的平衡，应大力发展乡镇和县城经济，使其成为农民"离土不离乡"的主要载体，从根本上解决剩余劳动力转移问题。影响省际流动农民工回流区位选择的主要因素为农民工年龄、家庭中小学生数量、家庭农民工数量、人均耕地面积等。其中，年龄、家庭中小学生数量、人均耕地面积与回流区位呈显著正相关关系，家庭农民工数量与回流区位呈显著的负相关关系。农民工流动与回流实际上均为农民工在空间中的位置选择与变动，其取决于不同区位的黏性大小，如果本地的黏性增大，农民工就会选择在本地就业和生活，即回流至本地。

农民工对务工地的选择是一个趋于优化的动态过程，验证了农民工多阶流动假说。随着务工者工龄的增长和流动次数的增多，务工地逐渐趋于稳定，务工距离变化者的比例在逐步下降，而不变者在上升。与此同时，临时和短期务工者的比例有下降趋势，而长期务工者的比例略有上升。城区和县城是农民工务工的首选地，但从演变趋势上看，农村中的镇呈上扬态势，村落附近的城镇地区越来越成为务工地的重要选项。在农民工高流动性的直接成因中，外在的被迫动因弱化，而个人主观动因强化，表明劳动力市场逐渐趋于规范，务工状态发生了优化。与已有成果比较，研究中并未发现在较长的时间周期内人口迁移具有距离增加的特征。研究还发现，随流动决策的优化，各主要因子在各次模型中的显著性程度发生相应的变化。务工因素中的务工年限和地域类型、个人因素中的年龄、家庭因素中的家庭人口规模和家庭耕地面积、村庄因素中的村地形、村务工人数比重和村区位等因子在不同的模型中具有较为显著的影响，在逐次流动模型中显著性程度和方向的变化反映了农民工务工流动决策的调整和优化，经过多次的流动和经验总结，农民工变得更为理智，务工地变得更符合自己的预期。

省外回流和省内回流具有不同的回流区位特征。（1）回流以省外回流为主，县城是回流者的首选地。跨省流动的农民工回流前多选择中心城区务工，北京、东莞、杭州、广州、深圳、苏州、武汉、上海是回流前主要务工城市。省内回流的方向主要从中心城区回流至县城，县城是省内回流者的第一区位，回流区位向县城和村庄扩散，出现分层特征。（2）村庄作为省外回流者的第二偏好区位，主要是村庄有赖以生存的土地资源。土地关系到每个农民的切身利益，是农民最重要的生产资料，回流后依靠土地可从事种植等基础性的农业生产。在村庄附近务工不仅能缩短务工距离，同时能兼顾家庭和经济收入，是回流者较为满意的选择。但是，由于村庄并不能提供理想中的高工资，导致回流村庄的人数不如县城多。（3）省内回流者具有小城镇偏好，省外回流者回流区位具有路径依赖性。省内回流农民工与跨省流动的农民工相比更具有小城镇偏好。省外回流至中心城区比例比省内回流多，主要是基于路径依赖的选择。（4）青壮年劳动力多回流至县城，年龄越大越倾向于回流至村庄，高学历倾向于回流至中心城区和县城。回流动因中主动回流人数略高于被动回流。回流职业上回流前主要以制造业、加工业和建筑业为主，回流后以社会服务业为主，农业和交通运输仓储业比例也有所增加，由回流前的第二产业转向回流后的第三产业。照顾家庭和回乡过渡期的短暂失业是回流后非务工的主要原因。（5）对农民工回流区位影响因素的研究表明，个人因素、家庭因素、村庄因素和务工因素对回流区位的选择具有显著影响。个人因素中的女性群体对回流至乡镇有着特别的偏好。家庭因素中代际数量关系着家庭抚养比，抚养比越大，家庭负担越重，越倾向于县城和中心城区务工。村庄因素中的村地形和居住区位都在不同的模型中达到显著性水平，地处丘陵和山区的农民工更愿意前往县城务工，在村庄有居住优势的农民工更愿意回流至村庄。务工因素中村距务工地距离、回流前务工地类型、回流前务工年限、回流前务工地个数均是影响回流后农民工务工地域选择的重要因素。

9.2 讨　　论

本书从回流者角度出发，基于微观视角，对农民工回流区位进行了研究，但农民工回流区位的选择行为受制于一定的社会经济结构，不同等级中心地的就业机会、工薪水平和居住功能等对回流者的吸引力应是进一步研究所关注的重点。同时，本书对相关的宏观指标关注不够，需要今后加以完善，如国家政策、文化环境等。本研究主要是基于河南省样本村调查数据所得结果，结论是否具有更大范围的适应性，需要不同学者结合不同地区进行实证研究。由于不同的学者所研究的样本量大小及研究区域的差别，对于同一个微观的影响因素的解释却有着不一致甚至是完全相反的结论，需要结合问卷，具体问题具体分析。尽管本书样本数量较大，但如果能获得更大的样本数据，将有利于对该问题的深入研究。本书的数据只是微观的田野调查数据，由于大数据具有样本量大、精确性高、实时技术等优势，今后需结合大数据来进行研究。

附录1　回流农民工调查问卷

被调查人编号：_____家庭编号：_____

尊敬的被调查人，您好！本调查仅用于科学研究，信息绝对保密，采用不记名方式调查，请真实回答！谢谢！

课题组

一、务工者本人概况

性别	年龄	学历	婚否	技能	开始务工年份	10 年来务工去过多少地方（县市）

二、务工者所在家庭概况

人口总量	几代人	劳动力数 （15 ~ 60 岁）	幼儿数量 （7 岁以前）	中小学生数量

大中专学生数量	老人数 （60 岁以上）	好地数量 （亩）	差地数量 （亩）	在本村经济地位 （单选）
				好，一般，较差

三、目前务工状况

1. 具体地点：_____市_____区（县）_____乡镇_____村

2. 该地点距老家村庄多远？_____公里；你采用最常用交通

工具需要多久？_____小时

3. 该地点类型（单选）：①城区；②县城；③农村中的镇；④农村中的乡村

4. 企业（机构）名称：_____；企业主要产品和服务：_____

5. 务工工种（具体工作内容）：_____；在该企业（机构）干了几年了？_____

6. 为何选此地此企业务工（15字以上）_____

7. 你认为，在哪里务工最好（多选）？①本县县城；②本乡镇政府所在地；③本地级市城内；④邻县县城；⑤省城；⑥外省；⑦附近企业；⑧其他，请说明_____

8. 你认为，务工距离最好在（单选）？①5公里内；②10公里内；③20公里内；④30公里内；⑤30公里以上

四、目前非务工状况（如目前不务工了，选择此题作答；如仍务工，则此题不用回答）

1. 类型（单选）：①年龄大了退休；②照顾家人，处理家事，不能务工；③目前失业，等待时机未来继续务工；④失去劳动能力，休养

2. 目前状态开始年份：_____年

五、回流返乡原因

1. 为什么回流？（15字以上）_____

2. 什么时间回流的？_____年_____月

六、回流前最近一次务工情况

1. 具体地点：_____省_____市_____区（县）

_____乡镇_____村

2. 地点类型（单选）：①城区；②县城；③农村中的镇；④农村中的乡村

3. 企业（机构）名称：_____；企业主要产品和服务：_____

4. 务工工种（具体工作内容）：_____

5. 在该企业（机构）干了几年？_____

6. 为什么离开了该企业？（15 字以上）_____

七、目前居住和购房情况

1. 目前在哪里居住（单选）？①在打工企业内居住；②在打工企业附近租房；③在企业附近有自有住房；④在本村居住；⑤其他（请说明）_____

2. 在城镇购买住房情况（多选）：①已经购买；②没钱购买；③打算购买；④不打算购买

3. 若已买房，房子位于（单选）：①本县城；②本镇上；③地级市；④省城；⑤其他（请说明）_____

4. 若未购房，你认为十年内，你将在哪里购房（单选）？①县城；②镇上；③本村；④地级市；⑤省城

八、省际回流史简况（从外省回来者填写，10 年内）

1. 从省外回到河南省后，曾在几个县市务工？①1 个；②2 个；③3 个；④4 个；⑤5 个以上

（若选 1 个，以下问题不用回答，若选其他，请按照时间先早后晚的顺序回答以下问题）

2. 回流务工的第一个地方

（1）回流到这个地方的具体时间（公元年月）：_____ 年 _____ 月

（2）具体地点：_____ 市 _____ 区（县）_____ 乡镇 _____ 村

（3）地点类型：①城区；②县城；③农村中的镇；④农村中的乡村

（4）企业（机构）名称：_____；企业主要产品和服务：_____

（5）务工工种（具体工作内容）：_____；在该企业（机构）干了几年？_____

（6）为什么选择此地此企业务工（15字以上）_____

（7）为什么后来离开了这个地方？（15字以上）_____

如果选2个，即回流2个地方，回答到此结束。

3. 回流务工的第二个地方

（1）回流到这个地方的具体时间（公元年月）：_____ 年 _____ 月

（2）具体地点：_____ 市 _____ 区（县）_____ 乡镇 _____ 村

（3）地点类型：①城区；②县城；③农村中的镇；④农村中的乡村

（4）企业（机构）名称：_____；企业主要产品和服务：_____

（5）务工工种（具体工作内容）：_____；在该企业（机构）

干了几年？_____

（6）为什么选择此地此企业务工（15 字以上）_____

（7）为什么后来离开了这个地方？（15 字以上）_____

如果选 3 个，即回流 3 个地方，回答到此结束。

4. 回流务工的第三个地方

（1）回流到这个地方的具体时间（公元年月）：_____年_____月

（2）具体地点：_____市_____区（县）_____乡镇_____村

（3）地点类型：①城区；②县城；③农村中的镇；④农村中的乡村

（4）企业（机构）名称：_____；企业主要产品和服务：_____

（5）务工工种（具体工作内容）：_____；在该企业（机构）干了几年？_____

（6）为什么选择此地此企业务工（15 字以上）_____

（7）为什么后来离开了这个地方？（15 字以上）_____

如果选 4 个，即回流 4 个地方，回答到此结束。

5. 回流务工的第四个地方

（1）回流到这个地方的具体时间（公元年月）：_____年_____月

（2）具体地点：_____市_____区（县）_____乡镇_____村

（3）地点类型：①城区；②县城；③农村中的镇；④农村中的

乡村

（4）企业（机构）名称：＿＿＿＿＿＿＿＿＿；企业主要产品和服务：＿＿＿＿＿＿＿＿

（5）务工工种（具体工作内容）：＿＿＿＿＿；在该企业（机构）干了几年？＿＿＿＿

（6）为什么选择此地此企业务工（15字以上）＿＿＿＿＿

（7）为什么后来离开了这个地方？（15字以上）＿＿＿＿＿

附录2 回流创业农民工调查问卷

被调查人编号：_____ 家庭编号：_____

尊敬的被调查人，您好！本调查仅用于科学研究，信息绝对保密，采用不记名方式调查，请真实回答！谢谢！

课题组

一、务工者本人概况

性别	年龄	学历	婚否	技能	开始务工年份	10年来务工去过多少地方（县市）

二、务工者所在家庭概况

人口总量	几代人	劳动力数 （15～60岁）	幼儿数量 （7岁以前）	中小学生数量

大中专学生数量	老人数 （60岁以上）	好地数量 （亩）	差地数量 （亩）	在本村经济地位 （单选）
				好，一般，较差

三、目前创业状况

1. 具体地点：_____市_____区（县）_____乡镇_____村

2. 该地点距老家村庄多远？_____公里；你采用最常用交通

工具需要多久？_____小时。

3. 地点类型（单选）：①城区；②县城；③农村中的镇；④农村中的乡村

4. 创业企业名称：_____；企业主要产品和服务：_____

5. 企业雇佣人数：_____人；年产值：_____元

6. 为什么选择此地创业（15字以上）_____

7. 创业已经几年了？_____

8. 创业和原来务工有什么关联？（15字以上）_____

9. 为什么不继续务工而回流创业？（15字以上）_____

四、回流前最近一次务工情况

1. 具体地点：_____省_____市_____区（县）_____乡镇_____村

2. 地点类型（单选）：①城区；②县城；③农村中的镇；④农村中的乡村

3. 企业（机构）名称：_____；企业主要产品和服务：_____

4. 务工工种（具体工作内容）：_____

5. 在该企业（机构）干了几年？_____

6. 为什么离开了该企业？（15字以上）_____

五、目前居住和购房情况

1. 目前在哪里居住（单选）？①在创业企业内居住；②在创业企业附近租房；③在创业企业附近有自有住房；④在本村居住；⑤其他（请说明）_____

2. 在城镇购买住房情况（多选）：①已经购买；②没钱购买；

③打算购买；④不打算购买

3. 若已买房，房子位于（单选）：①本县城；②本镇上；③地级市；④省城；⑤其他（请说明）_____

4. 若未购房，你认为，未来十年内，你将在哪里购买房子（单选）？①县城；②镇上；③本村；④地级市；⑤省城

参 考 文 献

[1] Afolayan A A. Is there a step-wise migration in Nigeria?: A case study of the migrational histories of migrants in Lagos [J]. Geojournal, 1985, 11 (2): 183 –193.

[2] Amuedodorantes C, Puttitanun T, Martinezdonate A P, et al. How do tougher immigration measures affect unauthorized immigrants [J]. Demography, 2013, 50 (3): 1067 –1091.

[3] Bastia T. Should I stay or should I go? Return migration in times of crises [J]. Journal of International Development, 2011, 23 (4): 583 –595.

[4] Berry J W. Immigration, acculturation and adaptation [J]. Applied Psychology: An International Review, 1997, 46: (1), 5 –68.

[5] Bobek A. Leaving for the money, staying for the "quality of life". Case study of young Polish migrants living in Dublin [J]. Geoforum, 2020: 24 –34.

[6] Bogue D J. Internal migration [M]//Hauser D, The Study of Population: An Inventory Appraisal. Chicago: University of Chicago Press, 1959: 6 –13.

［7］ Borjas G J, Bratsberg B. Who leaves? The outmigration of the foreign-born ［J］. Review of Economics & Statistics, 1996, 78 (1): 165 – 176.

［8］ Borjas G J. Self-selection and the earnings of immigrants ［J］. The American Economic Review, 1987, 77 (4): 531 – 553.

［9］ Carlos M R D, Sato C. The multistep international migration of Filipino nurses: The propensity to migrate among Filipino nurses in Dubai ［J］. Journal of the Socio – Cultural Research Institute, Ryukoku University, 2011, (13): 37 – 61.

［10］ Cassarino J P. Theorizing return migration: The conceptual approach to return migrants revisited ［J］. Social Science Electronic Publishing, 2004, 6 (2): 21 – 54.

［11］ Choudhury P. Return migration and geography of innovation in MNEs: A natural experiment of knowledge production by local workers reporting to return migrants ［J］. Journal of Economic Geography, 2016, 16 (3): 585 – 610.

［12］ Constant A F, Zimmermann K F. The dynamics of repeat migration: A markov chain analysis ［J］. International Migration Review, 2012, 46 (2): 362 – 388.

［13］ Constant A, Massey D S. Return migration by German guest workers: Neoclassical versus new economic theories ［J］. International Migration, 2002, 40 (4): 5 – 38.

［14］ Constant A, Zimmermann K F. The dynamics of repeat migration: A Markov chain analysis ［J］. International Migration Review,

2012, 46 (2): 362 – 388.

[15] Conway D. Step-wise migration: Toward a clarification of the mechanism [J]. International Migration Review, 1980, 14 (1): 3 – 14.

[16] De Haas H, Fokkema T, Fihri M F, et al. Return migration as failure or success [J]. Journal of International Migration and Integration, 2015, 16 (2): 415 – 429.

[17] De Haas H, Fokkema T. The effects of integration and transnational ties on international return migration intentions [J]. Demographic Research, 2011, 25 (24): 755 – 782.

[18] Démurger S, Xu H. Return migrants: The rise of new entrepreneurs in rural China [J]. World Development, 2010, 39 (10): 1847 – 1861.

[19] Dustmann C, Bentolila S, Faini R. Return migration: The European experience [J]. Economic Policy, 1996, 11 (22): Nicola F, Matthias S. Who stays, who goes, who returns east-west migration within Germany since reunification [J]. Economics of Transition, 2009, 17 (4): 703 – 738.

[20] Dustmann C, Kirchkamp O. The optimal migration duration and activity choice after remigration [J]. Journal of Development Economics, 2002, 67 (2): 351 – 372.

[21] Dustmann C. Children and return migration [J]. Journal of Population Economics, 2003, 16 (4): 815 – 830.

[22] Dustmanna C, Fadlonb I, Weissc Y. Return migration, human capital accumulation and the brain drain [J]. Journal of Develop-

ment Economics, 2011, 95 (1): 58 – 67.

[23] Ellis F. Household strategies and rural livelihood diversification [J]. The Journal of Development Studies, 1998, 35 (1): 1 – 38.

[24] Fuchsschundeln N, Schundeln M. Who stays, who goes, who returns? [J]. Economics of Transition, 2009, 17 (4): 703 – 738.

[25] Gaulé P. Who comes back and when? return migration decisions of academic scientists [J]. Economics Letters, 2014, 124 (3): 461 – 464.

[26] Gmelch G. Return migration [J]. Annual Review of Anthropology, 1980, 9: 135 – 159.

[27] Gullahorn J T, Gullahorn J E. An extension of the U – Curve Hypothesis [J]. Journal of Social Issues, 1963, 19 (3): 33 – 47.

[28] Haas H D, Fokkema T, Fihri M F. Return migration as failure or success? [J]. Journal of International Migration and Integration, 2015, 16 (2): 415 – 429.

[29] Haas H D, Fokkema T. The effects of integration and transnational ties on international return migration intentions [J]. Demographic Research, 2011, 25 (24): 755 – 782.

[30] Hare D. 'Push' versus 'pull' factors in migration outflows and returns: Determinants of migration status and spell duration among China's rural population [J]. The Journal of Development Studies, 1998, 35 (3): 45 – 72.

[31] Hirvonen K, Lilleør H B. Going back home: Internal return

migration in rural Tanzania [J]. World Development, 2015, 70: 186 – 202.

[32] Hodgkin M C. The innovators: The role of foreign trained persons in Southeast Asia [M]. Sydney: Sydney University Press, 1972.

[33] Howe E L, Huskey L, Berman M D. Migration in Arctic Alaska: Empirical evidence of the stepping stones hypothesis [J]. Social Science Electronic Publishing, 2010, 2 (1): 97 – 123.

[34] Ilahi N. Return migration and occupational change [J]. Review of Development Economics, 1999, 3 (2): 170 – 186.

[35] Impicciatore R, Strozza S. Internal and international migration in Italy: An integrating approach based on administrative data [M]// In: Riccio B. From internal to transnational moblities. Bologna: Emil di Odoya, 2016: 57 – 82.

[36] International Organization for Migration. Making the return of migrant workers work for Viet Nam: An issue in brief [DB/OL]. (2014 – 09 – 23) [2017 – 02 – 10]. http://www.ilo.org/wcmsp5/ groups/public.

[37] Junge V, Diez J R, Schätzl L. Determinants and consequences of internal return migration in Thailand and Vietnam [J]. World Development, 2015, 71: 94 – 106.

[38] Kerpaci K, Kuka M. The Greek debt crisis and Albanian return migration [J]. Journal of Balkan and Near Eastern Studies, 2019, 21 (1): 104 – 119.

[39] King R. Return migration and regional economic development:

An overview ［M］//White P. Return migration and regional economic problems. London: Croom Helm, 1986: 1 - 37.

［40］ King R. Return migration: A neglected aspect of population geography ［J］. Area, 1978, 10 (3): 175 - 182.

［41］ Kirdar M G. Labor market outcomes, savings accumulation, and return migration ［J］. Labor Economics, 2009, 16 (4): 418 - 428.

［42］ Kline D S. Push and pull factors in International nurse migration ［J］. Journal of Nursing Scholarship, 2003, 35 (2): 107 - 111.

［43］ Kou L R, Xu H, Hannam K. Understanding seasonal mobility, health and wellbeing to Sanya, China ［J］. Social Science & Medicine, 2017, 177: 87 - 99.

［44］ Lee E S. A theory of migration ［J］. Demography, 1966, 3 (1): 47 - 57.

［45］ Lewis J R, Williams A W. The economic impact of return migration in central Portugal ［M］//King R. Return migration & regional economic problems. London: Croom Helm, 1986: 100 - 128.

［46］ Lewis W A. Economic development with unlimited supplies of labour ［J］. The Manchester School, 1954, 22 (2): 139 - 191.

［47］ Lindstrom D P, Massey D S. Selective emigration, cohort quality, and models of immigrant assimilation ［J］. Social Science Research, 1994, 23 (4): 315 - 349.

［48］ Mcarthur H J Jr. The effects of overseas work on return migrants and their home communities: A Philippine case ［J］. Papers In

Anthropology, 1979, 20 (1): 85 – 104.

[49] Mccormick B, Wahba J. Overseas work experience, savings and entrepreneurship amongst return migrants to LDCs [J]. Scottish Journal of Political Economy, 2001, 48 (2): 164 – 178.

[50] Motlhatlhedi K, Nkomazana O. Home is home—Botswana's return migrant health workers [J]. Plos One, 2018, 13 (11).

[51] Nicola F, Matthias S. Who Stays, who goes, who returns east-west migration within Germany since reunification [J]. Economics of Transition, 2009, 17 (4): 703 – 738.

[52] Pardede E, McCann P, Venhorst V. Step-wise migration: Evidence from Indonesia [DB/OL]. 2016 – 08 – 31 [2018 – 01 – 22]. https: //www. rug. nl/research/portal/publications/stepwise – migration (48d0f1b6 – 62a2 – 4dc7 – ada4 – b28fc4e2b0ab). html.

[53] Paul A M. Capital and mobility in the stepwise international migrations of Filipino migrant domestic workers [J]. Migration Studies, 2015, 3 (3): 438 – 459.

[54] Piore M J. Birds of passage: Migrant labor and industrial societies [M]. New York: Cambridge University Press. 1979.

[55] Piracha M, Vadean F. Return migration and occupational choice: Evidence from Albania [J]. World Development, 2010, 38 (8): 1141 – 1155.

[56] Poppe A, Wojczewski S, Taylor K, et al. The views of migrant health workers living in Austria and Belgium on return migration to sub – Saharan Africa [J]. Human Resources for Health, 2016, 14

(1): 27 - 27.

[57] Ravenstein E G. The law of migration [J]. Journal of the Statistical Society of London, 1885, 48 (2): 167 - 235.

[58] Ravuri E D. Return migration predictors for undocumented Mexican immigrants living in Dallas [J]. The Social Science Journal, 2014, 51 (1): 35 - 43.

[59] Russell K. Return migration and regional economic problems [M]. London: Croom Helm, 1986. 1 - 37.

[60] Sadowski - Smith C, Li W. Return migration and the profiling of non-citizens: Highly skilled BRIC migrants in the Mexico - US borderlands and Arizona's SB 1070 [J]. Population, Space and Place, 2016, 22 (5): 487 - 500.

[61] Schultz T W. Investment in human capital [J]. The American Economic Review, 1961, 51 (1): 1 - 17.

[62] Stark O, Taylor J E. Migration incentives, migration types: The role of relative deprivation [J]. Economic Journal, 1991, 101 (408): 1163 - 1178.

[63] Stark O. On the microeconomics of return migration [M]// Balasubramanyam V N, Greenaway D. Trade and development. New York: Palgrave Macmillan, 1996: 32 - 41.

[64] Sussman N M. Testing the cultural identity model of the cultural transition cycle: Sojourners return home [J]. International Journal of Intercultural Relations, 2002, 26 (4): 391 - 408.

[65] Todaro M P. A model of labor migration and urban unemploy-

ment in less developed countries ［J］. American Economic Review, 1969, 59 (1): 138 –48.

［66］Todaro M P. Urban job expansion, induced migration and rising unemployment: A formulation and simplified empirical test for LDCs ［J］. Journal of Development Economics, 1976, 3 (3): 211 –225.

［67］Woodruff C M, Zenteno R. Remittances and microenterprises in Mexico ［DB/OL］. (2001 –08 –14) ［2017 –02 –20］. https: //ssrn. com/abstract =282019 orhttp: //dx. doi. org/10. 2139/ssrn. 282019.

［68］Woodruff C M, Zenteno R. Remittances and microenterprises in Mexico ［DB/OL］. http: //papers. ssrn. com/sol3/Papers. cfm? abstract_id =282019. 2001 –08 –14/2016 –05 –17.

［69］Yahirun J J. Take Me "Home": Return migration among germany's older immigrants ［J］. International Migration, 2014, 52 (4): 231 –254.

［70］Yang X. Analysis on China's urban-rural integration: The perspective of path-dependence ［J］. Open Journal of Social Sciences, 2016, 4 (2): 133 –140.

［71］白南生, 何宇鹏. 回乡, 还是外出?——安徽四川二省农村外出劳动力回流研究 ［J］. 社会学研究, 2002 (3): 64 –78.

［72］蔡昉, 都阳. 迁移的双重动因及其政策含义——检验相对经济地位变化假说 ［A］. 载李培林. 中国进城农民工的经济社会分析 ［C］. 北京: 社会科学文献出版社, 2003, 31 –40.

［73］曾文凤, 高更和. 中国中部农区农民工多阶流动及影响因素研究——以河南省6个村为例 ［J］. 地理科学, 2019, 39 (3):

459 – 466.

[74] 柴彦威. 城市空间与消费者行为 [M]. 南京：东南大学出版社，2010：1 – 2.

[75] 陈晨. 农民工首次返乡风险研究 (1980—2009) ——基于个人迁移史的事件史分析 [J]. 人口与经济，2018，(5)：91 – 99.

[76] 陈菊娟，李振宇. 供给侧改革背景下农民工回流的社会治安困境与调和路径 [J]. 河南警察学院学报，2017，26 (1)：104 – 107.

[77] 陈润儿. 推进乡村振兴的一支重要力量——关于外出务工人员返乡创业情况的调查 [EB/OL]. (2019 – 06 – 27) [2020 – 02 – 27]. http：//dy. 163. com/v2/article/detail/EINB2JKG0519D9DS. html.

[78] 陈世海. 农民工回流辨析：基于现有研究的讨论 [J]. 农林经济管理学报，2014，(3)：265 – 272.

[79] 陈文超，陈雯，江立华. 农民工返乡创业的影响因素分析 [J]. 中国人口科学，2014，(2)：96 – 105.

[80] 陈雨峰. 湖北省青年农民工返乡创业意愿影响因素研究 [D]. 华中师范大学，2016.

[81] 戴延平. 基础行为学 [M]. 北京：作家出版社，2012.

[82] 丁月牙. 全球化时代移民回流研究理论模式评述 [J]. 河北大学学报，2012，(1)：139 – 142.

[83] 丁越兰，黄晶. 我国劳动力回流问题研究综述 [J]. 华北电力大学学报（社会科学版），2010，(1)：41 – 45.

[84] 东梅. 农村留守儿童学习成绩对其父母回流决策的影响 [J]. 人口与经济，2010 (1)：79 – 84.

[85] 豆晓，Blanca A，Josep R. 基于相互作用关系的中国省际人口流动研究 [J]. 地理研究，2018，37（9）：1848－1861.

[86] 杜金丹. 河南省回流农民工就业现状、诉求与职业教育应对策略研究 [D]. 上海：华东师范大学，2016.

[87] 杜鹏，张航空. 中国流动人口梯次流动的实证研究 [J]. 人口学刊，2011，（4）：14－20.

[88] 方创琳，周尚意，柴彦威，等. 中国人文地理学研究进展与展望 [J]. 地理科学进展，2011，30（12）：1470－1478.

[89] 方黎明，王亚柯. 农村劳动力从非农部门回流到农业部门的影响因素分析 [J]. 人口与经济，2013，（6）：56－62.

[90] 冯建喜，汤爽爽，杨振山. 农村人口流动中的"人地关系"与迁入地创业行为的影响因素 [J]. 地理研究，2016，35（1）：148－162.

[91] 甘宇. 农民工家庭的返乡定居意愿——来自574个家庭的经验证据 [J]. 人口与经济，2015，（3）：68－76.

[92] 高更和，曾文凤，刘明月. 省际流动农民工回流区位及影响因素——以河南省12个村为例 [J]. 经济地理，2017，37（6）：151－155.

[93] 高更和，曾文凤，罗庆，等. 国内外农民工空间回流及其区位研究进展 [J]. 人文地理，2019，34（5）：9－14.

[94] 高更和，石磊，高歌. 农民工务工目的地分布研究——以河南省为例 [J]. 经济地理，2012，32（5）：127－132.

[95] 高更和，杨慧敏，许家伟，等. 农民工初终务工地空间变动研究 [J]. 经济地理，2016，36（2）：143－148.

[96] 高强，贾海明．农民工回流的原因及影响分析［J］．农业科技管理，2007，26（4）：66－68．

[97] 国家人口计生委流动人口服务管理司．提前返乡流动人口调查报告［J］．人口研究，2009，33（2）：1－3．

[98] 国家统计局．2018 年农民工监测调查报告［J］．建筑，2019（11）：30－32．

[99] 国家统计局．2011 年全国农民工监测调查报告［EB/OL］．http：//www.stats.gov.cn/ztjc/ztfx/fxbg/201204/t20120427_16154.html.2012－04－27/2017－02－08．

[100] 国家统计局．2012 年全国农民工监测调查报告［EB/OL］．http：//www.stats.gov.cn/tjsj/zxfb/201305/t20130527_12978.html.2013－05－27/2017－02－08．

[101] 国家统计局．2013 年全国农民工监测调查报告［EB/OL］．http：//www.stats.gov.cn/tjsj/zxfb/201405/t20140512_551585.html.2014－05－12/2017－02－08．

[102] 国家统计局．2014 年全国农民工监测调查报告［EB/OL］．http：//www.stats.gov.cn/tjsj/zxfb/201504/t20150429_797821.html.2015－04－29/2017－02－08．

[103] 国家统计局．2015 年农民工监测调查报告［EB/OL］．http：//www.gov.cn/xinwen/2016－04/28/content_5068727.htm.2016－04－28a/2016－07－20．

[104] 国家统计局．2016 年农民工监测调查报告［N］．中国信息报，2017－05－02（1）．

[105] 国家统计局．2018 年农民工监测调查报告［EB/OL］．

（2019 – 04 – 29）［2020 – 03 – 07］. http：//www. stats. gov. cn/tjsj/zxfb/201904/t20190429_1662268. html.

［106］国家统计局. 农民工监测报告，2009 年农民工监测调查报告 . 2010 – 03 – 19. http：//www. stats. gov. cn/ztjc/ztfx/fxbg/201003/t20100319_16135. html.

［107］国家统计局. 农民工监测报告，2017 年农民工监测调查报告 . 2018 – 04 – 27. http：//www. stats. gov. cn/tjsj/zxfb/201804/t20180427_1596389. html.

［108］国家统计局. 中国统计年鉴 2016. 北京：中国统计出版社，2016b.

［109］国家统计局. 中国统计年鉴 2015 ［M］. 北京：中国统计出版社，2015.

［110］河南省统计局 .2014 年我省农民外出务工情况调查报告 ［EB/OL］. http：//www. ha. stats. gov. cn/hntj/tjfw/tjfx/qsfx/ztfx/webinfo/2014/02/1392947219863284. htm. 2014 – 02 – 27/2017 – 02 – 10.

［111］胡枫，史宇鹏. 农民工回流的选择性与非农就业：来自湖北的证据 ［J］. 人口学刊，2013，35（2）：71 – 80.

［112］江小容. 中国农民工回流问题研究 ［D］. 咸阳：西北农林科技大学，2007.

［113］姜艳虹. 农民工回流对我国农村社会结构的影响研究 ［D］. 佳木斯：佳木斯大学，2010.

［114］金沙. 农村外出劳动力回流决策的推拉模型分析 ［J］. 统计与决策，2009（9）：64 – 66.

［115］金沙. 农民工回流与我国二元经济结构的转换 ［J］. 经

济纵横，2009，（1）：77-79.

[116] 匡逸舟，彭向楠，朱冬梅. 欠发达地区农民工回流原因的实证研究——以四川省为例 [J]. 中国劳动，2014，（11）：8-12.

[117] 赖光宝，赵邦宏. 基于"推拉理论"的农村人口流动原因探讨——以河北省为例 [J]. 商业经济研究，2015（17）：48-49.

[118] 乐昕. 新生代农村流动人口理性迁移选择——基于"推—拉"理论的探讨 [J]. 社会福利（理论版），2013（8）：20-23.

[119] 李练军. 新生代农民工融入中小城镇的市民化能力研究——基于人力资本、社会资本与制度因素的考察 [J]. 农业经济问题，2015，（9）：46-53.

[120] 李梅，高明国. 金融危机背景下的农民工回流特征分析 [J]. 农村经济，2009，（12）：116-119.

[121] 李向荣. 资源禀赋、公共服务与农民工的回流研究 [J]. 华东经济管理，2017，31（6）：38-44.

[122] 梁雄军，林云，邵丹萍. 农村劳动力二次流动的特点、问题与对策——对浙、闽、津三地外来务工者的调查 [J]. 中国社会科学，2007，（3）：13-28.

[123] 林李月，朱宇. 流动人口初次流动的空间类型选择及其影响因素——基于福建省的调查研究 [J]. 地理科学，2014，34（5）：539-546.

[124] 刘庆乐. 推拉理论、户籍制度与中国城乡人口流动 [J]. 江苏行政学院学报，2015（6）：70-75.

[125] 刘唐宇. 中部欠发达地区农民工回乡创业影响因素研究 [D]. 福州：福建农林大学，2010.

［126］刘颖，邓伟，宋雪茜，等．基于综合城镇化视角的省际人口迁移格局空间分析［J］．地理科学，2017，37（8）：1151－1158.

［127］刘玉侠，陈柯依．乡村振兴视域下回流农民工就业的差异性分析——基于浙江、贵州农村的调研［J］．探索，2018，（4）：135－142.

［128］刘云刚，燕婷婷．地方城市的人口回流与移民战略——基于深圳－驻马店的调查研究［J］．地理研究，2013，32（7）：1280－1290.

［129］刘铮．劳动力无限供给的现实悖论——"农民工回流"的成因及效应分析［J］．清华大学学报（哲学社会科学版），2006，21（3）：125－129.

［130］龙晓君，郑健松，李小建，等．全面二孩背景下中国省际人口迁移格局预测及城镇化效应［J］．地理科学，2018，38（3）：368－375.

［131］罗静，李伯华．外出务工农户回流意愿及其影响因素分析——以武汉市新洲区为例［J］．华中农业大学学报（社会科学版），2008（6）：29.

［132］门丹，齐小兵．回流农民工就近城镇化：比较优势与现实意义［J］．经济学家，2017，（9）：81－88.

［133］彭璐，朱宇，林李月．流动人口在流动过程中的暂时性回流及其影响因素——基于生命历程的视角［J］．南方人口，2017，32（6）：1－13.

［134］戚迪明，张广胜，杨肖丽，等．农民工"回流式"市民

化：现实考量与政策选择 [J]．农村经济，2014，（10）：8－11．

[135] 戚迪明．城市化进程中农民工回流决策与行为：机理与实证 [D]．沈阳：沈阳农业大学，2013．

[136] 齐小兵．国外回流人口研究对我国回流农民工研究的启示 [J]．人口与经济，2013，（5）：41－47．

[137] 齐小兵．我国回流农民工研究综述 [J]．西部论坛，2013，23（2）：28－34．

[138] 任义科，宋连成，佘瑞芳，等．属性和网络结构双重视角下农民工流动规律研究 [J]．地理科学进展，2017，36（8）：940－951．

[139] 邵芬芬．乡村振兴战略背景下河南省回流农民工人力资本建设研究 [D]．南昌：江西财经大学，2019．

[140] 邵腾伟，冉光和，吴昊．农民工返乡回流对当地新农村建设影响的冲量过程模型 [J]．数学的实践与认识，2010，40（10）：1－9．

[141] 石智雷，谭宇，吴海涛．返乡农民工创业行为与创业意愿分析 [J]．中国农村观察，2010，（5）：25－37．

[142] 石智雷，薛文玲．中国农民工的长期保障与回流决策 [J]．中国人口·资源与环境，2015，25（3）：143－152．

[143] 石智雷，杨云彦．家庭禀赋、家庭决策与农村迁移劳动力回流 [J]．社会学研究，2012，（3）：157－181．

[144] 石智雷，朱明宝．农民工社会保护与市民化研究 [J]．农业经济问题，2017，（11）：77－89．

[145] 孙峰华，李世泰，杨爱荣，等．2005 年中国流动人口分

布的空间格局及其对区域经济发展的影响 [J]. 经济地理, 2006 (6): 974-977.

[146] 孙清清. 2016年河南农民工创业人数达76.21万人 [EB/OL]. http://www.ha.xinhuanet.com/news/20170113/3621111_c.html. 2017-01-13/2017-02-10.

[147] 孙小龙, 王丽明, 贾伟. 农民工返乡定居意愿及其影响因素分析——基于上海、南京、苏州等地农民工的调研数据 [J]. 农村经济, 2015 (10): 101-105.

[148] 孙中伟. 农民工大城市定居偏好与新型城镇化的推进路径研究 [J]. 人口研究, 2015, 39 (5): 72-86.

[149] 谭勇. 河南农民工省内就业人数达1268万人首次超过省外 [EB/OL]. http://news.dahe.cn/2012/03-27/101195936.html. 2012-03-27/2017-02-10.

[150] 田明. 地方因素对流动人口城市融入的影响研究 [J]. 地理科学, 2017, 37 (7): 997-1005.

[151] 田明. 中国东部地区流动人口城市间横向迁移规律 [J]. 地理研究, 2013, 32 (8): 1486-1496.

[152] 万国威. 回流选择与职业保障: 我国农民工流动轨迹的理性抉择与未来偏好——基于7个城市2361名农民工的实证调查 [J]. 社会科学战线, 2015, (4): 180-191.

[153] 王华华. 后城镇化时期我国回流农民工价值实现的瓶颈与解题 [J]. 求实, 2017, (9): 83-96.

[154] 王利伟, 冯长春, 许顺才. 传统农区外出劳动力回流意愿与规划响应——基于河南周口市问卷调查数据 [J]. 地理科学进

展, 2014, 33 (7): 990 - 999.

[155] 王亚栋. 2009 春节前 7000 万农民工返乡 1800 万人需解决就业 [EB/OL]. http://www.china.com.cn/news/2009 - 08/04/content_18260840. htm. 2009 - 08 - 04/2017 - 02 - 08.

[156] 王子成, 赵忠. 农民工迁移模式的动态选择: 外出、回流还是再迁移 [J]. 管理世界, 2013, (1): 78 - 88.

[157] 吴忠涛, 张丹. 城乡预期收入差距对农村人口迁移的影响——基于托达罗模型 [J]. 西北大学学报 (哲学社会科学版), 2013, 43 (4): 74 - 79.

[158] 肖冬华, 姚会元. 新时期农民工回流问题研究 [J]. 改革与战略, 2010, 26 (1): 165 - 169.

[159] 谢永飞, 马艳青, 李红娟. 新型城镇化背景下流动特征与农民工回流意愿的关系 [J]. 热带地理, 2020, 40 (4): 612 - 624.

[160] 薛彦. 河南省农村转移劳动力现状分析. 河南农业 [J]. 2012, (9): 60 - 61.

[161] 杨慧敏, 高更和, 李二玲. 河南省农民工务工地选择及影响因素分析 [J]. 地理科学进展, 2014, 33 (12): 1634 - 1641.

[162] 杨小平. 二分 Logistic 模型在分类预测中的应用分析 [J]. 四川师范大学学报 (自然科学版), 2009, 32 (3): 393 - 395.

[163] 杨云彦, 石智雷. 中国农村地区的家庭禀赋与外出务工劳动力回流 [J]. 人口研究, 2012, 36 (4): 3 - 17.

[164] 杨智勇, 李玲. 论农民工"回流"现象的原因及其消极影响 [J]. 当代青年研究, 2015, (1): 94 - 100.

[165] 殷江滨, 李郇. 农村劳动力回流的影响因素分析——以

广东省云浮市为例 [J]. 热带地理, 2012, 32 (2): 128 - 133.

[166] 殷江滨, 李郇. 外出务工经历对回流后劳动力非农就业的影响——基于广东省云浮市的实证研究 [J]. 中国人口·资源与环境, 2012, 22 (9): 108 - 115.

[167] 殷江滨. 劳动力回流的驱动因素与就业行为研究进展 [J]. 地理科学进展, 2015, 34 (9): 1084 - 1095.

[168] 尹虹潘, 刘渝琳. 城市化进程中农村劳动力的留守、进城与回流 [J]. 中国人口科学, 2016, (4): 26 - 36.

[169] 于婷婷, 宋玉祥, 浩飞龙, 等. 东北三省人口分布空间格局演化及其驱动因素研究 [J]. 地理科学, 2017, 37 (5): 709 - 717.

[170] 余运江, 孙斌栋, 孙旭. 社会保障对农民工回流意愿有影响吗?——基于上海调查数据的实证分析 [J]. 人口与经济, 2014 (6): 102 - 108.

[171] 袁方, 史清华, 卓建伟. 农民工回流行为的一个新解释: 基于森的可行能力理论 [J]. 中国人力资源开发, 2015, (1): 87 - 96.

[172] 湛东升, 张文忠, 党云晓, 等. 中国流动人口的城市宜居性感知及其对定居意愿的影响 [J]. 地理科学进展, 2017, 36 (10): 1250 - 1259.

[173] 张光业. 河南省地貌区划 [J]. 开封师院学报, 1964 (1): 13 - 124.

[174] 张广海, 赵韦舒, 朱旭娜. 基于 Logistic 模型的乡村旅游住宿需求影响因素分析: 以山东省乐陵市朱集镇为例 [J]. 中国石油大学学报 (社会科学版), 2017, 33 (3): 22 - 28.

[175] 张航空. 梯次流动对流动人口居留意愿的影响 [J]. 人口与发展, 2014, 20 (3): 18 – 23.

[176] 张辉金, 萧洪恩. 农民工回流现象的深层思考 [J]. 农村经济, 2006, (8): 102 – 104.

[177] 张坤. 中国农村人口流动的影响因素与实施对策——基于推拉理论的托达罗修正模型 [J]. 统计与信息论坛, 2014, 29 (7): 22 – 28.

[178] 张丽琼, 朱宇, 林李月. 家庭因素对农民工回流意愿的影响 [J]. 人口与社会, 2016, 32 (3): 58 – 66.

[179] 张若瑾. 创业补贴、小额创业贷款政策对回流农民工创业意愿激励实效比较研究——一个双边界询价的实证分析 [J]. 农业技术经济, 2018, (2): 88 – 103.

[180] 张甜, 朱宇, 林李月. 就地城镇化背景下回流农民工居住区位选择——以河南省永城市为例 [J]. 经济地理, 2017, 37 (4): 84 – 91.

[181] 张骁鸣, 保继刚. 旅游发展与乡村劳动力回流研究——以西递村为例 [J]. 地理科学, 2009, 29 (3): 360 – 367.

[182] 赵春雨, 苏勤, 徐波. 农村劳动力就业空间行为研究——以江苏、山东、安徽三个样本村为例 [J]. 人文地理, 2011, 26 (6): 107 – 113.

[183] 赵亮, 张世伟, 樊立庄. 金融危机环境下农民工回流问题分析 [J]. 江西社会科学, 2009, (8): 227 – 229.

[184] 赵昕. 人力资本对返乡农民工创业行为影响研究 [D]. 武汉: 中南财经政法大学, 2018.

［185］钟水映，李春香.乡城人口流动的理论解释：农村人口退出视角——托达罗模型的再修正［J］.人口研究，2015，39（6）：13－21.

［186］周蕾，谢勇，李放.农民工城镇化的分层路径：基于意愿与能力匹配的研究［J］.中国农村经济，2012，（9）：50－60.

［187］朱强.家庭社会学［M］.武汉：华中科技大学出版社，2012.

［188］朱尚.我国农村劳动力回流的现状及影响因素分析［D］.西安：西北大学，2016.

［189］朱宇，林李月.中国人口迁移流动的时间过程及其空间效应研究：回顾与展望［J］.地理科学，2016，36（6）：820－828.

后　　记

　　长期以来，人口流动的基本趋势是从乡村到城市到乡城流动，然而到了 2009 年，人口回流开始成为人口流动的重要过程。2008 年爆发的亚洲金融危机虽然在人口回流方面起到了触发作用，但人口回流的真正原因是我国区域经济发展不平衡状态的改变。近些年来，随着中西部县域经济的发展，越来越多的农民工回流至本省或本地务工或创业，长期形成的人口乡城流动格局正在发生重要变化。作为中国的农民工大省，河南省从 2011 年开始，农村劳动力也开始逐步向省内回流。

　　农民工回流后，绝大多数仍采取工资性收入策略，只有少数进行创业活动，也有个别退出劳动力市场，与此同时，回流后的居住和购房也是其必然面对的现实问题。所有回流后的产生的现象和过程均对农村地区的发展产生重要影响，因此，在新农村建设、乡村振兴背景下开展对农民工回流及区位的研究具有重要的现实意义和理论意义。然而，国内外关于农民工回流区位的研究成果并不丰富，从微观角度开展的研究更是少见。本书主要从微观视角开展对农民工回流区位选择的研究，希望能丰富和弥补相关研究的不足和缺憾。

时光匆匆，经过近 4 年的研究，本书得以呈现在读者面前。本项目从设计论证到专题调研和专题研究，无不凝结了笔者的心血和劳动。本书除第 2 章和第 6 章为徐祖牧和高更和完成、第 8 章为 5 个硕士研究生完成外，其余各章主要由高更和等学者完成。此外，河南财经政法大学资源与环境学院 45 个本科生参与了问卷调查和数据整理工作，在此表示感谢！

由于笔者水平所限，书中难免有疏漏之处，还望同行多加批评指正！

高更和

2021 年 7 月于郑州龙子湖畔